5訂

よくわかる 農地の法律手続き

関係判例付

全国農業委員会ネットワーク機構

一般社団法人　全国農業会議所

はじめに

「農地の法律は難しい」といわれます。このような声は、①その根幹である農地法で農地の権利移動等を許可制にしており、これに伴い許可の判断の基準、例外として許可を必要としない場合などを細かく決めていること、②農地に係わる法律が農地法のほか農業経営基盤強化促進法、農振法（「農業振興地域の整備に関する法律」の略称です）等多岐にわたっていることなどから出ているものと思われます。そこで、農地の法律手続きのうち日常使われている農地の売買・貸借、農地以外への転用、市民農園の開設等について、これだけは知っておきたいというものを出来るだけ分かり易く取りまとめ、「難しい」という声に応えたいと思い本書を刊行いたしました。

農地制度は数次にわたる改正を重ねています。最近では、令和５年の「農業経営基盤強化促進法等の一部を改正する法律」において、農業者の高齢化と減少、耕作放棄地の増加等の課題に対応するため、農地の集積・集約化、人の確保・育成を図るための措置として、「人・農地プラン」が農業経営基盤強化促進法の「地域計画」として法定化されたほか、農用地利用集積計画と農地中間管理機構が定める農用地利用配分計画を統合し、農地中間管理事業の推進に関する法律の農用地利用集積等促進計画とされるとともに、農地法の権利移動の許可に係る下限面積要件が廃止される等の大幅な改正が行われました。

今回の本書の改訂ではこれらの改正を受けて、再度、整理を行って分かり易くすることに心掛けました。

本書が農業委員会の担当者をはじめ広く皆様の農地の法律を理解する上での一助になれば幸いです。

令和６年３月

全国農業委員会ネットワーク機構
一般社団法人　全国農業会議所

新・よくわかる農地の法律手続き　5訂
—関係判例付—

目　次

参考　農地法関係判例（要旨）

法令の名称	略称
農業経営基盤強化促進法	基盤強化法
農業振興地域の整備に関する法律	農振法
農地中間管理事業の推進に関する法律	中間管理法
特定農地貸付けに関する農地法等の特例に関する法律	特定農地貸付法
農業法人に対する投資の円滑化に関する特別措置	投資円滑化法
特定農山村地域における農林業等の活性化のための基盤整備の促進に関する法律	特定農山村法
農山漁村の活性化のための定住等及び地域間交流の促進に関する法律	農山漁村活性化法
都市農地の貸借の円滑化に関する法律	都市農地貸借円滑化法

I

農地法の目的

農地法の目的

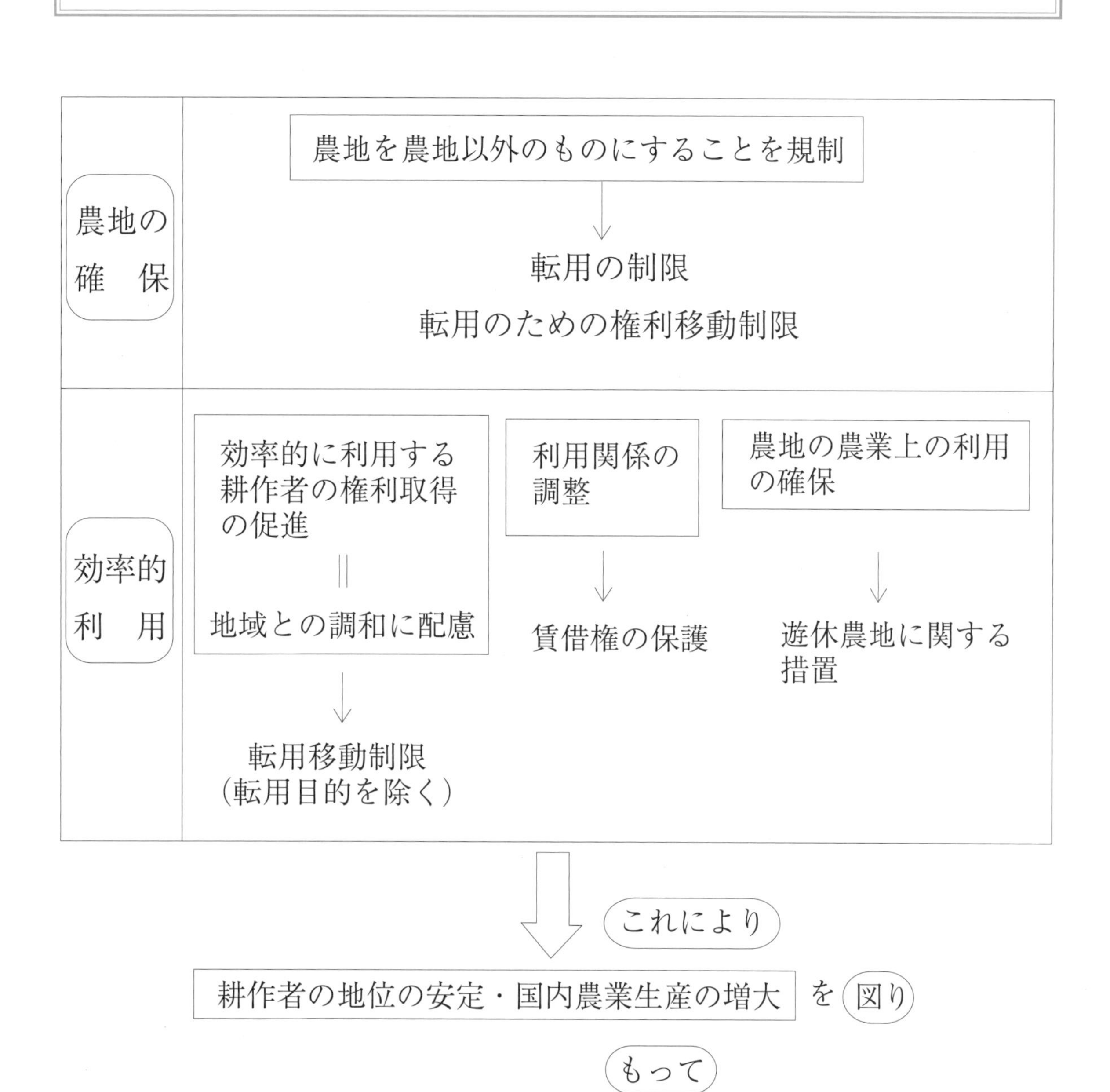

これにより

耕作者の地位の安定・国内農業生産の増大 を 図り

もって

食料の安定供給の確保 に資することを 目的とする

（農地法１条）

Ⅱ

農地法等で用いられる言葉の定義

1　農　地

農地[注]とは「耕作の目的に供される土地」とされています（農地法２条１項）。

この場合の「耕作」とは、土地に労働及び資本を投じ肥培管理を行って作物を栽培することです。分かりやすくいいますと、耕うん、整地、播種、潅がい、排水、施肥、農薬散布、除草等が行われ作物が栽培されている土地ということです。

具体的には、

＜農地に該当するもの＞

①　肥培管理が行われ現に耕作されているもの

田、畑、果樹園、牧草栽培地、林業種苗の苗圃、わさび田、はす池

〔判例〕

一時的に養鯉場として利用されている水田、桐樹、芝、竹又は筍の栽培地、庭園等に使用する各種花木の栽培地も農地とされる。

②　現に耕作されていなくても農地に当たるもの

休耕地、不耕作地

（現に耕作されていなくても耕作しようとすればいつでも耕作できるような土地も農地です。）

＜農地に該当しないもの＞

・家庭菜園

〔判例〕

・桐樹栽培で肥培管理後相当期間を経過し、現状が森林状態をしている土地

・空閑地として利用されている土地

・不法開墾地

注　農地法43条に規定する「農作物栽培高度化施設」※の用に供される土地は、「農地」と同様に取り扱われます。

※「農作物栽培高度化施設」とは、専ら農作物の栽培の用に供する施設で、周辺農地の日照に影響を及ぼすおそれがないこと等の要件を満たすものです。

2　採草放牧地

採草放牧地[注]とは、「農地以外の土地で、主として耕作又は養畜の事業のための採草又は家畜の放牧の目的に供されるもの」とされています（農地法２条１項）。

この場合の「耕作の事業のための採草」とは堆肥にする目的等での採草のことであり、「養畜の事業のための採草」とは、飼料又は敷料にするための採草です。

なお、採草放牧地の権利移動（転用のためのものを含め）は、極めて少ない面積でしか行われていません。

<採草放牧地に当たらないもの>

◦屋根をふくためのカヤの採取

◦河川敷、堤防、公園、道路等は耕作又は養畜のための採草放牧の事実があっても、それが主な利用目的とは認められません。

◦牧草を播種し、施肥を行い、肥培管理して栽培しているような場合→農地となります。

注　林木育成の目的に供されている土地が併せて採草放牧の目的に供されている場合に「林木の育成」と「採草放牧」のいずれが主たる利用目的であるのか判定が困難なときは、樹冠の疎密度（空から見た場合の樹木の占める割合）が0.3以下の土地は主として採草放牧の目的に供されているものと判断されています（処理基準第１⑴②）。

3　各法律における農地等の定義

<table>
<tr><th>法律名
土地の利用目的</th><th>農地法</th><th>農振法</th><th>基盤強化法</th><th>中間管理法</th><th>土地改良法</th></tr>
<tr><td>耕作の目的に供される土地</td><td>農地</td><td rowspan="3">農用地</td><td rowspan="3">農用地</td><td rowspan="3">農用地</td><td rowspan="2">農用地</td></tr>
<tr><td>養畜の事業のための採草又は家畜の放牧の目的に供される土地</td><td rowspan="2">採草放牧地</td></tr>
<tr><td>耕作の事業のための採草の目的に供される土地</td><td></td></tr>
</table>

4　農地、採草放牧地であるか否かは現況で判断

農地、採草放牧地のいずれも耕作あるいは採草又は放牧に供されているかどうかという土地の現況に着目して判断するものであって、土地の登記簿の地目によって判断してはならないとされています（処理基準第1(2)）。そして土地の現況[注]が農地、採草放牧地であるときは、農地法の諸規制を適用することとしています。

このことから登記簿上の地目が山林、原野など農地以外のものになっていても現況が農地又は採草放牧地として利用されていれば農地法の諸規制を受けることになります。

注　これが農地法は「現況主義」といわれるゆえんです。

5　世帯員等

世帯員等とは、住居及び生計を一にする[注1]親族[注2]並びに当該親族の行う耕作又は養畜の事業に従事するその他の2親等内の親族です（農地法2条2項）。

注1　「住居及び生計を一にする親族」には、次の事由により一時的に住居又は生計を異にしている親族が含まれます。

①　疾病又は負傷による療養

②　就学

③　公選による公職への就任

④　懲役刑若しくは禁錮刑の執行又は未決勾留

注2　「親族」とは、6親等内の血族、配偶者及び3親等内の姻族のことです（民法725条）。

「3親等内の姻族」とは、本人の「配偶者の血族3親等まで」、および本人の3親等までの血族の「配偶者」をいいます。

〔参考〕親族の範囲（数字は親等を表します）

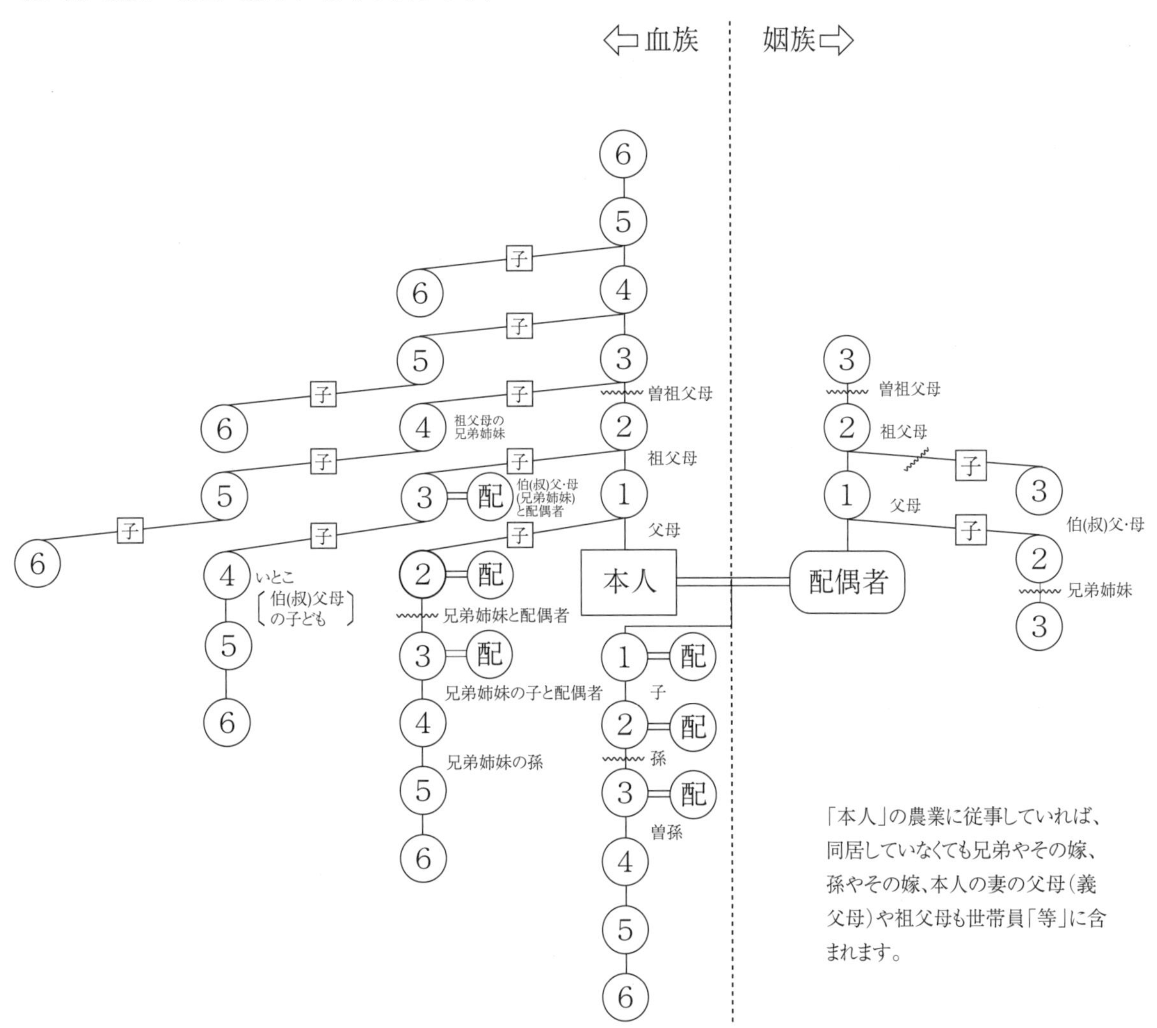

「本人」の農業に従事していれば、同居していなくても兄弟やその嫁、孫やその嫁、本人の妻の父母（義父母）や祖父母も世帯員「等」に含まれます。

6　農地所有適格法人

「農地所有適格法人」とは、農地法上、耕作目的での農地の取得が認められている法人で、次の要件を備えたものです（農地法２条３項）。

①　**法人の組織**[注1]

農業協同組合法に基づく「農事組合法人」、会社法の「株式会社（公開会社でないものに限る）又は持分会社」のいずれかであること。

②　**事業の限定**

法人の事業は、「主たる事業が農業[注2]」であることが必要です。この場合の農業にはその行う農業に関連する事業であって農畜産物を原材料として使用する製造又は加工等の事業、農業と併せ行う林業及び農事組合法人にあっては、このほか組合員の農業に係る共同利用施設の設置又は農作業の共同化に関する事業が含まれます。

「その行う農業に関連する事業」とは、農業と一次的な関連を持ち、農業生産の安定・発展に役立つ次の事業です。

ア　農畜産物を原料又は材料として使用する製造又は加工

イ　農畜産物の貯蔵、運搬又は販売

ウ　農業生産に必要な資材の製造

エ　農作業の受託

オ　農村滞在型余暇活動に必要な役務の提供

③　**議決権の要件**

その法人の次に掲げる者（農業関係者）[注3]の有する議決権の合計が、総議決権の過半を占めること。

ア　農地又は採草放牧地の所有権を移転するか、又は賃借権等の使用収益権を設定・移転することにより当該法人に農地又は採草放牧地を提供した個人

イ　当該法人にまだ農地又は採草放牧地を提供していないが、これから提供するために農地法３条１項の許可を申請している個人

ウ　農地中間管理機構を通じて当該法人に農地又は採草放牧地を貸し付けている個人

注１　これ以外の法人は農地所有適格法人として農地の所有は認められません。

注２①　「主たる事業が農業」であるかの判断は、その判断の日を含む事業年度前の直近する３カ年（異常気象等により、農業の売上高が著しく低下した年が含まれている場合には、当該年を除いた直近する３カ年）におけるその農業に係る売上高が、当該３カ年における法人の事業全体の売上高の過半を占めているかによるものとされています。

②　「農業」の中には耕作、養畜、養蚕等の業務のほか、その業務に必要な肥料・飼料等の購入、通常商品として取り扱われる形態までの生産物の処理（例えば野菜・果実の選別、包装）及び販売までが入ります。

注３　ア～オに該当しない農業者や他の農地所有適格法人からの出資でも、市町村等の認定を受けた農業経営改善計画に基づいて行われるものであれば、農業関係者からの出資とみなされます（基盤強化法14条１項、同法省令14条）。

エ　当該法人の農業に常時従事する者[注1]

オ　当該法人に耕起、田植等の基幹的な農作業の委託を行っている個人

カ　農業法人投資育成事業を行う承認会社（投資円滑法10条）

キ　当該法人に現物出資した農地中間管理機構

ク　地方公共団体、農業協同組合又は農業協同組合連合会

④　役員の要件

ア　法人の理事等（農事組合法人にあっては理事、株式会社にあっては取締役、持分会社にあっては業務を執行する社員）の過半は法人の農業（関連事業を含む）に常時従事（原則年間150日以上[注2]（農地法省令９条））する構成員であること。

イ　その法人の理事等又は法人の農業について権限と責任を有する使用人のうち１人以上の者が法人の農作業に従事（原則年間60日以上（農地法省令８条））すること。

注１　「常時従事する者」には、病気など特別な理由により一時的に常時従事できないが、その事由がなくなれば常時従事すると農業委員会が認めるもの等も含まれます。

その法人の農業に従事する者で次の要件のいずれかに該当する場合は、常時従事者と認められます（農地法省令９条）。

ア　その法人の行う農業に年間150日以上従事すること

イ　その法人の行う農業に従事する日数が150日未満の場合は、次の算式により算出される日数（60日未満の場合は60日）以上従事すること

$\frac{L}{N} \times \frac{2}{3}$　　N…法人の構成員　　L…法人の行う農業に必要な年間総労働日数

ウ　その法人の行う農業に従事する日数が年間60日に満たない者にあっては、当該法人に農地等を提供した者であって、イ又は次の算式により算出される日数のどちらか大きい日数以上

$L \times \frac{a}{A}$　　L…その法人の行う農業に必要な年間総労働日数
A…その法人の耕作又は養畜の事業に供している農地等の面積
a…当該構成員がその法人に提供している農地等の面積

注２　認定農業者である農地所有適格法人の農業に常時従事する理事等は、出資先の農地所有適格法人が認定を受けた農業経営改善計画に基づいて出資先の法人の役員を年間30日以上の農業従事で兼務することが可能です（基盤強化法14条２項、同法省令14条）。

農業委員会への報告と農地所有適格法人が要件を欠いた場合の取り扱い

⑴　農地所有適格法人は毎年、必要な事項を農業委員会に報告するとともに、農業委員会は要件を欠くおそれのある法人に対し、必要な措置を講ずべきことを勧告し、法人から申出があった場合には、農地の譲渡についてのあっせんに努めることとされています（農地法６条）。

⑵　農地所有適格法人がその要件を欠いて農地所有適格法人でなくなると、その法人の所有する農地等と、その法人に貸し付けられている農地等は、最終的には国が買収することになります。ただし、その法人が農地等以外の土地を取得して農地等としたもの、昭和37年７月１日前から所有していた農地等などは買収から除外されます（農地法７条１項）。

⑶　農地所有適格法人が農地所有適格法人でなくなると、農業委員会は、その法人の所有する農地等と、その法人に貸し付けられている農地等については買収すべき農地等として公示し、その所有者に通知します。ただし、相当な努力が払われたと認められるものとして農地法政令18条で定める方法により探索を行ってもなお当該所有者を確知することができないときは、通知する必要はありません（農地法７条２項、３項）。

この公示があったときは、その法人は３カ月以内に再び農地所有適格法人等になるための要件を全て備えるよう努力し、農地所有適格法人の要件を回復すれば公示は取り消され、買収されることはありません（農地法７条５項）。

もし、その３カ月以内に農地所有適格法人の要件を回復することができなかったときは、その後３カ月以内に、その法人は買収対象になる農地等を譲渡し、その法人に貸し付けている農地等の所有者はその返還を受けなければなりません（農地法７条８項）。この期間が過ぎても、所有していたり、貸し付けられている農地等は最終的に国が買収することになります。

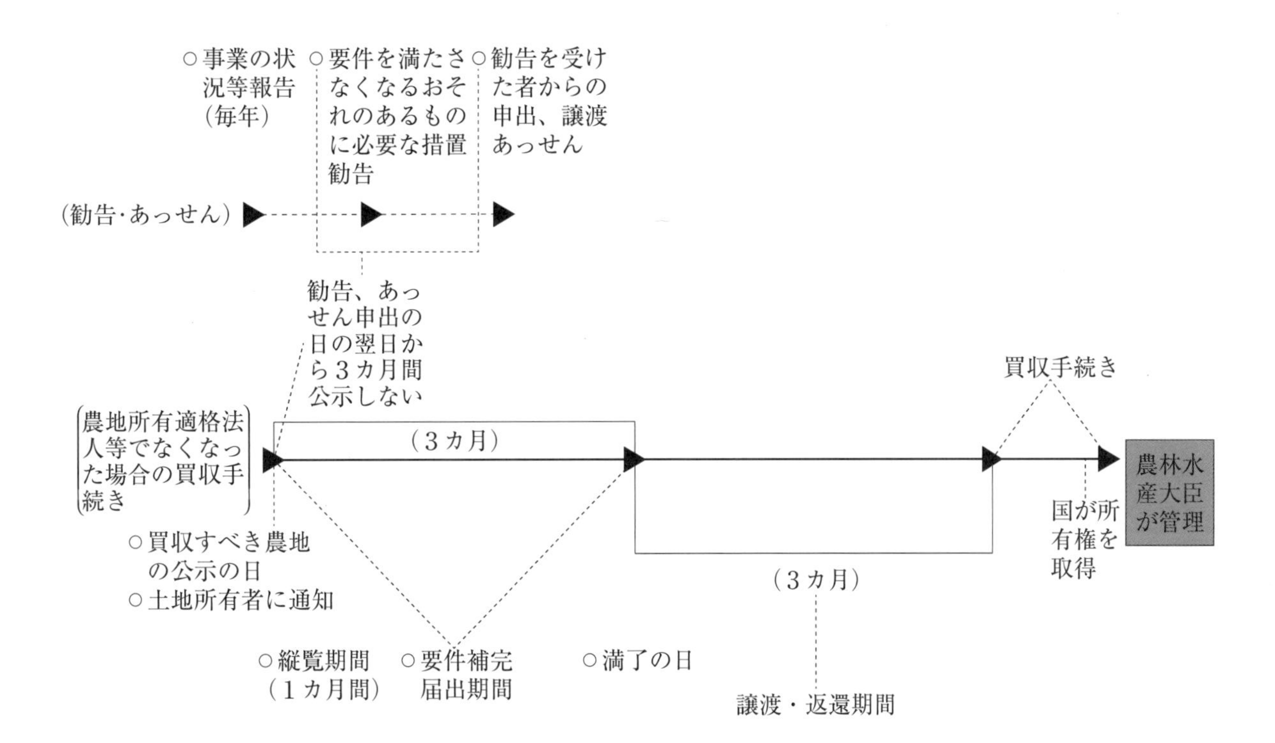

（買収手続き）

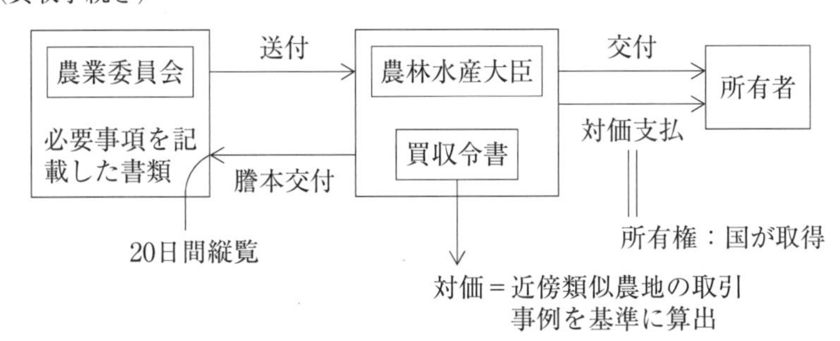

（売払手続き）
原則として競争入札

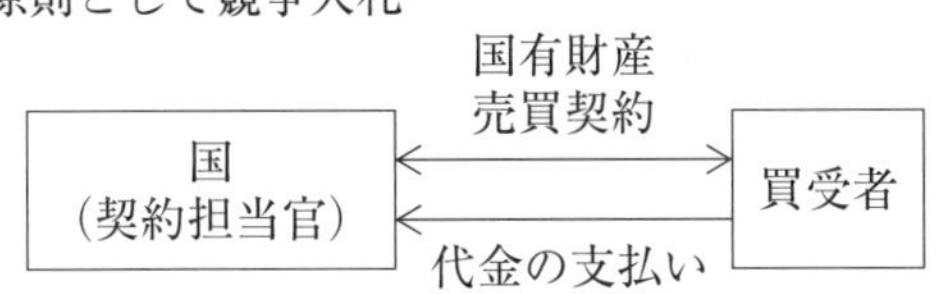

・すべてを効率的に利用して耕作等の事業を行うと認められる者
・農地中間管理機構　等

Ⅲ

農地等の売買・貸借（転用目的以外）

1　農地等の売買・貸借（転用目的以外）

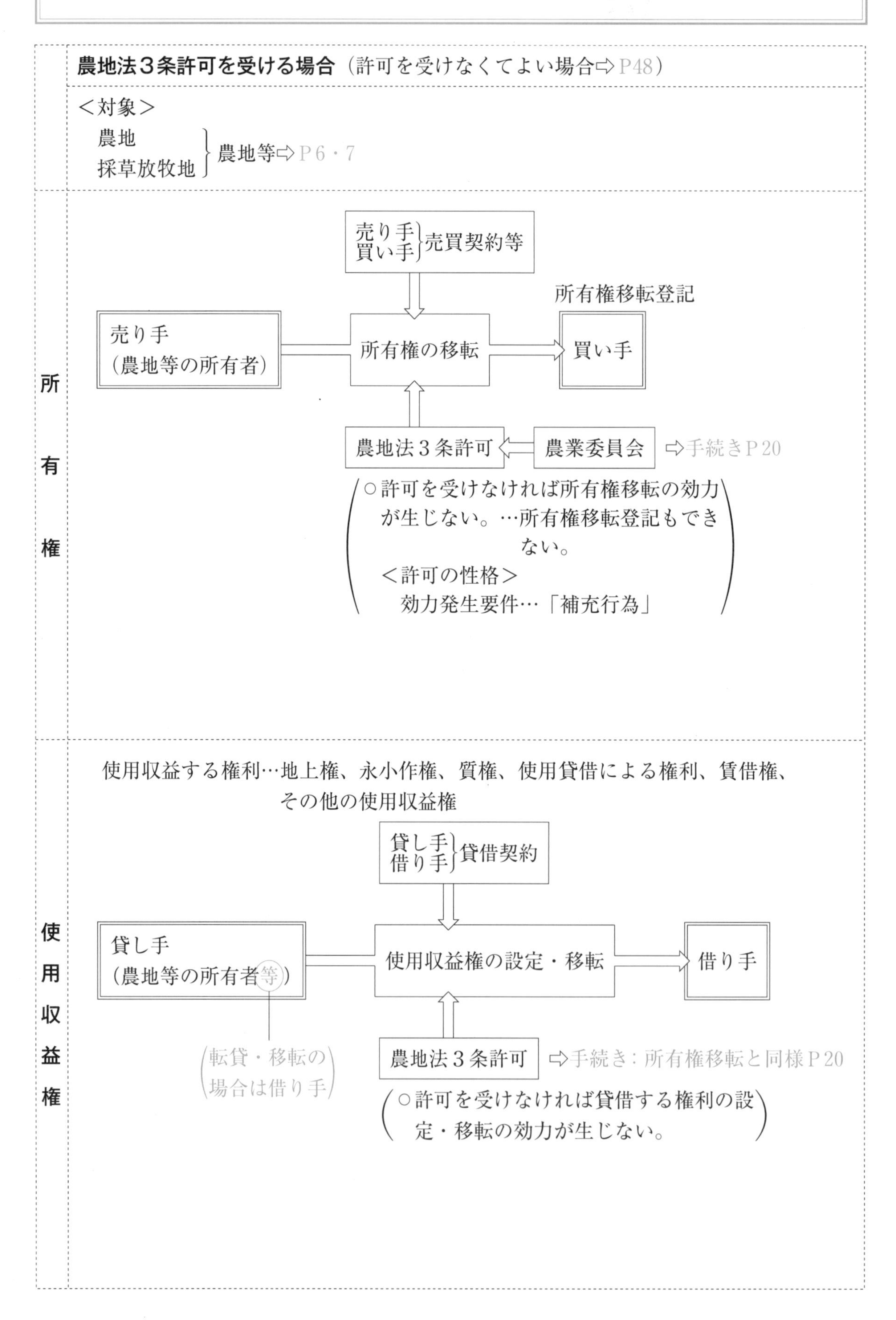

2　農地法３条の許可を受ける手順

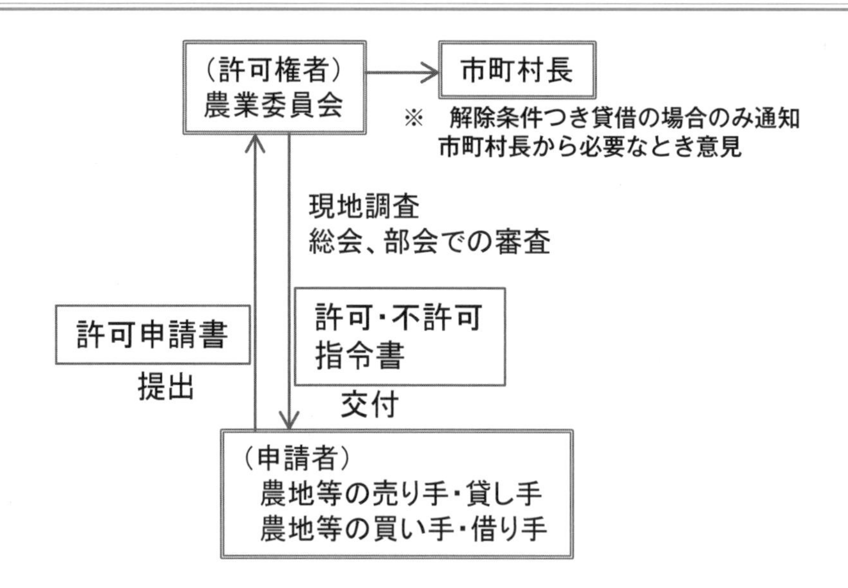

原則は、連署による申請（農地法省令10条）

<例外＝単独で申請できる場合>（農地法省令10条ただし書）

①　単独行為（農地法省令10条１項１号）

ア　強制競売

イ　担保権の実行としての競売（その例による競売を含む）

ウ　公売

エ　遺贈

オ　その他の単独行為による場合

②　判決が確定した場合等（農地法省令10条１項２号）

ア　判決の確定

イ　裁判上の和解若しくは請求の認諾

ウ　民事調停法による調停の成立

エ　家事事件手続法による審判の確定若しくは調停の成立

<対象となる（原則として農地法の許可を受けなければならない）権利移動>

所有権の移転、地上権、永小作権、質権、使用貸借による権利、賃借権その他の使用及び収益を目的とする権利の設定・移転

なお、対象となる権利には、①区分地上権（民法269条の２・１項）又はこれと内容を同じくする権利（例えば、電線路、隧道、営農を継続する太陽光発電設備等土地の空中又は地下の一部に工作物を設置することを目的とする賃借権その他の権利）及び②農業協同組合又は農業協同組合連合会が農地の所有者等から農業経営の委託を受ける場合の使用及び収益を目的とする権利（通常、使用貸借による権利又は無名契約ないし混合契約に基づく権利と解される）が含まれる。

許可を受けないでよい場合⇨P 48

許可を受けないでよい場合の届出⇨P 52

<届出の対象>

・相続（遺産分割及び包括遺贈又は相続人に対する特定遺贈を含む）
・法人の合併・分割
・時効取得　等

<許可の基準の主なもの>

【一般の場合】

① 取得農地を含む全てを効率的に利用
② 法人の場合は農地所有適格法人が取得
③ 個人の場合取得後の農作業に常時従事
④ 周辺地域の農地の効率的かつ総合的な利用に支障がないこと

（仮登記・抵当権のある土地の許可の取り扱い⇨P 49）

（使用貸借による権利又は賃借権）

【㊰解除条件付貸借の場合（一般の場合の③以外の個人、一般の場合の②以外の法人）】

① 一般の場合の②・③以外の基準
② 書面による解除条件付貸借での契約
③ 地域の農業における他の農業者との適切な役割分担の下に継続的かつ安定的に農業経営を行うと見込まれること
④ 法人の場合は、業務執行役員又は権限及び責任を有する使用人のうち１人以上が耕作又は養畜の事業に常時従事

（なお、この㊰の場合は、許可を受けた後、毎年、利用状況を報告しなければならない。また、適正に利用していない場合、最終的には許可が取り消される）

i 農地法３条の規定による許可申請書

【事務処理要領　様式例第１号の１】

農地法第３条の規定による許可申請書

申請日　令和 6 年 4 月 1 日

農業委員会会長　殿

当事者

＜譲渡人＞[注1]

住所　××市××町3丁目3番33号

氏名[注2]　田川　一郎

＜譲受人＞[注1]

住所　××市××町5丁目5番55号

氏名[注2]　株式会社　畑山農産

代表取締役　畑山　二郎

下記農地~~（採草放牧地）~~について｛所有権[注3]／○賃借権／使用貸借による権利／その他使用収益権（　）｝を｛○設定[注3]（期間 5 年間）／移転｝

したいので、農地法第３条第１項に規定する許可を申請します。（該当する内容に○を付してください。）

記

1　当事者の氏名等

当事者	氏名	年齢	職業	住所	国籍等[注4]	在留資格又は特別永住者
譲渡人	田川一郎	65歳	農業	××市××町3丁目3番33号	＼	＼
譲受人	株式会社　畑山農産 代表取締役　畑山二郎			××市××町5丁目5番55号		

2　許可を受けようとする土地の所在等[注5]（土地の登記事項証明書を添付してください。）

所在・地番	地目		面積（㎡）	対価、賃料等の額（円）〔10ａ当たりの額〕	所有者の氏名又は名称〔現所有者の氏名又は名称（登記簿と異なる場合）〕	所有権以外の使用収益権が設定されている場合	
	登記簿	現況				権利の種類、内容	権利者の氏名又は名称
○○市○○町大字××字×× 333番	田	田	3,000	30,000	田川一郎		
〃 334番	〃	〃	1,700	17,000			
〃 335番	〃	〃	500	5,000			
〃 503番	〃	〃	300	3,000			
				〔10,000 /10a〕			

3　権利を設定し、又は移転しようとする契約の内容[注6]

①　権利の設定時期　令和6年5月1日

②　土地の引渡しを受ける時期　令和6年5月1日

③　契約期間　5年間

注１　賃借においては貸付人、借受人

注２①　法人である場合は、住所は主たる事務所の所在地を、氏名は法人の名称及び代表者の氏名をそれぞれ記載し、定款又は寄附行為の写しを添付（独立行政法人及び地方公共団体を除く。）します。

②　競売、民事調停等による単独行為での権利の設定又は移転である場合は、当該競売、民事調停等を証する書面を添付します。

注３　該当する内容に○を付します。

注４　所有権移転の場合のみ国籍等を記載します。この場合の国籍等は、住民基本台帳法（昭和42年法律第81号）第30条の45に規定する国籍等（日本国籍の場合は、「日本」）を記載するとともに、中期在留者にあっては在留資格、特別永住者にあってはその旨を併せて記載してください。法人にあっては、その設立に当たって準拠した法令を制定した国（内国法人の場合は「日本」）を記載します。

注５　土地の登記事項証明書（全部事項証明書に限ります。）を添付します。

注６　権利を設定又は移転しようとする時期、土地の引渡しを受けようとする時期、契約期間等を記載します。また、水田裏作の目的に供するための権利を設定しようとする場合は、水田裏作として耕作する期間の始期及び終期並びに当該水田の表作及び裏作の作付に係る事業の概要を併せて記載します。

農地法第３条の規定による許可申請書（別添）

Ⅰ　一般申請記載事項

＜農地法第３条第２項第１号関係＞

１－１　権利を取得しようとする者又はその世帯員等が所有権等を有する農地及び採草放牧地の利用の状況

		農地面積（㎡）	田	畑	樹園地	採草放牧地面積（㎡）
所有地	自作地[注1]	52,000	20,000	32,000		
	貸付地[注1]					

		所在・地番	地目（登記簿）	地目（現況）	面積（㎡）	状況・理由
所有地	非耕作地[注2]					

		農地面積（㎡）	田	畑	樹園地	採草放牧地面積（㎡）
所有地以外の土地	借入地[注1]	75,000	75,000			
	貸付地[注1]					

		所在・地番	地目（登記簿）	地目（現況）	面積（㎡）	状況・理由
所有地以外の土地	非耕作地[注2]					

注１　「自作地」、「貸付地」及び「借入地」には、現に耕作又は養畜の事業に供されているものの面積を記載します。
　なお「所有地以外の土地」欄の「貸付地」は、農地法３条２項５号の括弧書きに該当する土地です。

注２　「非耕作地」には、現に耕作又は養畜の事業に供されていないものについて、筆ごとに面積等を記載するとともに、その状況・理由として、「賃借人○○が○年間耕作を放棄している」、「～であることから条件不利地であり、○年間休耕中であるが、草刈り・耕起等の農地としての管理を行っている」等耕作又は養畜の事業に供することができない事情等を詳細に記載します。

1―2　権利を取得しようとする者又はその世帯員等の機械の所有の状況、農作業に従事する者の数等の状況

(1)　作付（予定）作物、作物別の作付面積

	田	畑			樹園地			採草放牧地
作付（予定）作物	水稲	花木						
権利取得後の面積（㎡）	100,500	32,000						

(2)　大農機具[注1]又は家畜[注1]

種類 / 数量	トラクター	田植機（4条植）	コンバイン（4条刈）		
確保しているもの 所有（○）/リース	50ps 1台 30ps 1台 20ps 1台	2台	2台		
導入予定のもの[注2] 所有（○）/リース（資金繰りについて）		1台（4条植）			○○農業協同組合から資金を借入

(3)　農作業に従事する者

①　権利を取得しようとする者が個人である場合には、その者の農作業経験等の状況
農作業暦　　年、農業技術修学暦　　年、その他（　　　　　　　　　）

②　世帯員等その他常時雇用している労働力（人）	現在：　4	（農作業経験の状況：15～30年の農作業従事）
	増員予定：　1	（農作業経験の状況：オペレーター見習として農業高校卒業者を採用予定）
③　臨時雇用労働力（年間延人数）	現在：　130	（農作業経験の状況：主に花木出荷作業3～5年の経験者）
	増員予定：	（農作業経験の状況：　）

④　①～③の者の住所地、拠点となる場所等から権利を設定又は移転しようとする土地までの平均距離又は時間　5㎞

注１　「大農機具」とは、トラクター、耕うん機、自走式の田植機、コンバイン等です。「家畜」とは、農耕用に使役する牛、馬等です。

注２　導入予定のものについては、自己資金、金融機関からの借入れ（融資を受けられることが確実なものに限る。）等資金繰りについても記載します。

＜農地法第３条第２項第２号関係＞（権利を取得しようとする者が農地所有適格法人である場合のみ記載してください。）

２　その法人の構成員等の状況（別紙に記載し添付してください。）

別紙のとおり

＜農地法第３条第２項第３号関係＞

３　信託契約の内容（信託の引受けにより権利が取得される場合のみ記載してください。）

＜農地法第３条第２項第４号関係＞（権利を取得しようとする者が個人である場合のみ記載してください。）

４　権利を取得しようとする者又はその世帯員等のその行う耕作又は養畜の事業に必要な農作業への従事状況（「世帯員等」とは、住居及び生計を一にする親族並びに当該親族の行う耕作又は養畜の事業に従事するその他の２親等内の親族をいいます。）

農作業に従事する者の氏名	年　齢	主たる職　業	権利取得者との関係（本人又は世帯員等）	農作業への年間従事日数	備　考注

＜農地法第３条第２項第５号関係＞

５　農地又は採草放牧地につき所有権以外の権原に基づいて耕作又は養畜の事業を行う者（賃借人等）が、その土地を貸し付け、又は質入れしようとする場合には、以下のうち該当するものに印を付してください。

□　賃借人等又はその世帯員等の死亡等によりその土地について耕作、採草又は家畜の放牧をすることができないため一時貸し付けようとする場合である。

□　賃借人等がその土地をその世帯員等に貸し付けようとする場合である。

□　その土地を水田裏作（田において稲を通常栽培する期間以外の期間稲以外の作物を栽培すること）の目的に供するため貸し付けようとする場合である。
（表作の作付内容＝　　　　　　　　、裏作の作付内容＝　　　　　　　　）

□　農地所有適格法人の常時従事者たる構成員がその土地をその法人に貸し付けようとする場合である。

注　備考欄には、農作業への従事日数が年間150日に達する者がいない場合に、その農作業に従事する者が、その行う耕作又は養畜の事業に必要な行うべき農作業がある限りこれに従事している場合は○を記載してください。

<農地法第３条第２項第６号関係>

６　周辺地域との関係

権利を取得しようとする者又はその世帯員等の権利取得後における耕作又は養畜の事業が、権利を設定し、又は移転しようとする農地又は採草放牧地の周辺の農地又は採草放牧地の農業上の利用に及ぼすことが見込まれる影響[注1]を以下に記載してください。

①　取得する田の周囲は水稲作地帯であり、取得後もこれまでどおり水稲の栽培をします。 ②　地域の水利調整に参加し、取り決めを遵守します。 ③　地域の農地の利用調整に協力します。 ④　農薬の使用方法等について、地域の防除基準に従います。

Ⅱ　使用貸借又は賃貸借に限る申請での追加記載事項

権利を取得しようとする者が、農地所有適格法人以外の法人である場合、又は、その者又はその世帯員等が農作業に常時従事しない場合には、Ⅰの記載事項に加え、以下も記載してください。[注2]

<農地法第３条第３項第２号関係>

７　地域との役割分担の状況

地域の農業における他の農業者との役割分担について、具体的にどのような場面でどのような役割分担を担う計画であるか[注3]を以下に記載してください。

注１　例えば、集落営農や経営体への農地集積等の取組への支障、農薬の使用方法の違いによる耕作又は養畜の事業への支障等について記載します。

注２　農地法３条３項１号に規定する条件その他適正な利用を確保するための条件が記載されている契約書の写しを添付します。また、当該契約書には、「賃貸借契約が終了したときは、乙は、その終了の日から〇〇日以内に、甲に対して目的物を原状に復して返還する。乙が原状に復することができないときは、乙は甲に対し、甲が原状に復するために要する費用及び甲に与えた損失に相当する金額を支払う。」、「甲の責めに帰さない事由により賃貸借契約を終了させることとなった場合には、乙は、甲に対し賃借料の〇年分に相当する金額を違約金として支払う。」等を明記します。

注３　例えば、農地の維持発展に関する話し合い活動への参加、農道、水路、ため池等の共同利用施設の取決めの遵守、獣害被害対策への協力等について記載します。

<農地法第３条第３項第３号関係> 注1

8　その法人の業務を執行する役員又はその法人の農業に関する権限及び責任を有する者のうち、その法人の行う耕作又は養畜の事業に常時従事する者の氏名及び役職名並びにその法人の行う耕作又は養畜の事業への従事状況

⑴　氏名

⑵　役職名

⑶　その者の耕作又は養畜の事業への従事状況

その法人が耕作又は養畜の事業（労務管理や市場開拓等も含む。）を行う期間：
年　　　か月

そのうちその者が当該事業に参画・関与している期間：年　　　か月（直近の実績）
年　　　か月（見込み）

Ⅲ　特殊事由により申請する場合の記載事項

9　以下のいずれかに該当する場合は、該当するものに印を付し、Ⅰの記載事項のうち指定の事項を記載するとともに、それぞれの事業・計画の内容を「事業・計画の内容」欄に記載してください。

⑴　以下の場合は、Ⅰの記載事項全ての記載が不要です。

□　その取得しようとする権利が地上権（民法（明治29年法律第89号）第269条の２第１項の地上権）又はこれと内容を同じくするその他の権利である場合 注2

□　農業協同組合法（昭和22年法律第132号）第10条第２項に規定する事業を行う農業協同組合及び農業協同組合連合会が、同項の委託を受けることにより農地又は採草放牧地の権利を取得しようとする場合、又は、農業協同組合若しくは農業協同組合連合会が、同法第11条の31第１項第１号に掲げる場合において使用貸借による権利若しくは賃借権を取得しようとする場合

□　権利を取得しようとする者が景観整備機構である場合 注3

⑵　以下の場合は、Ⅰの１－２（効率要件）、２（農地所有適格法人要件）以外の記載事項を記載してください。

□　権利を取得しようとする者が法人であって、その権利を取得しようとする農地又は採草放牧地における耕作又は養畜の事業がその法人の主たる業務の運営に欠くことのできない試験研究又は農事指導のために行われると認められる場合

□　地方公共団体（都道府県を除く。）がその権利を取得しようとする農地又は採草放牧地を公用又は公共用に供すると認められる場合

□　教育、医療又は社会福祉事業を行うことを目的として設立された学校法人、医療法人、社会福祉法人その他の営利を目的としない法人が、その権利を取得しようとする農地又は採草放牧地を当該目的に係る業務の運営に必要な施設の用に供すると認められる場合

□　独立行政法人農林水産消費安全技術センター、独立行政法人種苗管理センター又は独立行政法人家畜改良センターがその権利を取得しようとする農地又は採草放牧地をその

注１　権利を取得しようとする者が法人である場合のみ記載します。

注２　事業・計画の内容に加えて、周辺の土地、作物、家畜等の被害の防除施設の概要と関係権利者との調整の状況を「事業・計画の内容」欄に記載します。

注３　景観法（平成16年法律第110号）56条２項の規定により市町村長の指定を受けたことを証する書面を添付します。

業務の運営に必要な施設の用に供すると認められる場合

⑶　以下の場合は、Ｉの２（農地所有適格法人要件）以外の記載事項を記載してください。

□　農業協同組合、農業協同組合連合会又は農事組合法人（農業の経営の事業を行うものを除く。）がその権利を取得しようとする農地又は採草放牧地を稚蚕共同飼育の用に供する桑園その他これらの法人の直接又は間接の構成員の行う農業に必要な施設の用に供すると認められる場合

□　森林組合、生産森林組合又は森林組合連合会がその権利を取得しようとする農地又は採草放牧地をその行う森林の経営又はこれらの法人の直接若しくは間接の構成員の行う森林の経営に必要な樹苗の採取又は育成の用に供すると認められる場合

□　乳牛又は肉用牛の飼養の合理化を図るため、その飼養の事業を行う者に対してその飼養の対象となる乳牛若しくは肉用牛を育成して供給し、又はその飼養の事業を行う者の委託を受けてその飼養の対象となる乳牛若しくは肉用牛を育成する事業を行う一般社団[注]法人又は一般財団法人が、その権利を取得しようとする農地又は採草放牧地を当該事業の運営に必要な施設の用に供すると認められる場合

□　東日本高速道路株式会社、中日本高速道路株式会社又は西日本高速道路株式会社がその権利を取得しようとする農地又は採草放牧地をその事業に必要な樹苗の育成の用に供すると認められる場合

（事業・計画の内容）

注　この場合の一般社団法人又は一般財団法人は、以下のいずれかに該当するものに限ります。該当していることを証する書面を添付します。

・その行う事業が左記の事業及びこれに附帯する事業に限られている一般社団法人で、農業協同組合、農業協同組合連合会、地方公共団体その他農林水産大臣が指定した者の有する議決権の数の合計が議決権の総数の4分の3以上を占めるもの

・地方公共団体の有する議決権の数が議決権の総数の過半を占める一般社団法人又は地方公共団体の拠出した基本財産の額が基本財産の総額の過半を占める一般財団法人

農地所有適格法人としての事業等の状況（別紙）

＜農地法第２条第３項第１号関係＞

１―１　事業の種類

区分	農業[注1]		左記農業に該当しない事業の内容
	生産する農畜産物[注2]	関連事業等の内容	
現在(実績又は見込み)	米、花木	農産物の販売	造園業
権利取得後(予定)	〃	〃	〃

１―２　売上高[注3]

年度	農業	左記農業に該当しない事業
３年前（実績）	千円 32,000	千円 10,000
２年前（実績）	34,000	13,000
１年前（実績）	33,000	15,000
申請日の属する年(実績又は見込み)	37,000	15,000
２年目（見込み）	40,000	15,000
３年目（見込み）	40,000	15,000

注１　農業には以下に掲げる「関連事業等」を含み、また、農作業のほか、労務管理や市場開拓等も含みます。

① その法人が行う農業に関連する次に掲げる事業

i　農畜産物を原料又は材料として使用する製造又は加工

ii　農畜産物若しくは林産物を変換して得られる電気又は農畜産物若しくは林産物を熱源とする熱の供給

iii　農畜産物の貯蔵、運搬又は販売

iv　農業生産に必要な資材の製造

v　農作業の受託

vi　農村滞在型余暇活動に利用される施設の設置及び運営並びに農村滞在型余暇活動を行う者を宿泊させること等農村滞在型余暇活動に必要な役務の提供

② 農業と併せ行う林業

③ 農事組合法人が行う共同利用施設の設置又は農作業の共同化に関する事業

注２　「事業の種類」の「生産する農畜産物」欄には、法人の生産する農畜産物のうち、粗収益の50%を超えると認められるものの名称を記載します。なお、いずれの農畜産物の粗収益も50%を超えない場合には、粗収益の多いものから順に３つの農畜産物の名称を記載します。

注３　「売上高」の「農業」欄には、法人の行う耕作又は養畜の事業及び関連事業等の売上高の合計を記載し、それ以外の事業の売上高については、「左記農業に該当しない事業」欄に記載します。「１年前」から「３年前」の各欄には、その法人の決算が確定している事業年度の売上高の許可申請前３事業年度分をそれぞれ記載し（実績のない場合には空欄）、「申請日の属する年」から「３年目」の各欄には、権利を取得しようとする農地等を耕作又は養畜の事業に供することとなる日を含む事業年度を初年度とする３事業年度分の売上高の見込みをそれぞれ記載します。

<農地法第２条第３項第２号関係>

2　構成員全ての状況

(1)　農業関係者（権利提供者、常時従事者、農作業委託者、農地中間管理機構、地方公共団体、農業協同組合、投資円滑化法に基づく承認会社等[注4]）

氏名又は名称	住所又は主たる事務所の所在地	国籍等	在留資格又は特別永住者	議決権の数	構成員が個人の場合は以下のいずれかの状況				
					農地等の提供面積(㎡)		農業への年間従事日数		農作業委託の内容
					権利の種類	面積[注5]	直近実績	見込み	
畑山　二郎				40口	所有権	32,000	300	300	
森　　茂				5	賃借権	20,000	250	280	

議決権の数の合計	45口
農業関係者の議決権の割合	93.75％

その法人の行う農業に必要な年間総労働日数：580日

(2)　農業関係者以外の者（(1)以外の者）

氏名又は名称	住所又は主たる事務所の所在地	国籍等	在留資格又は特別永住者	議決権の数
株式会社 農産物提供 代表取締役　流山進				3口

議決権の数の合計	3口
	6.25％

<農地法第２条第３項第３号及び第４号関係>

3　理事、取締役又は業務を執行する社員全ての農業への従事状況

農業への従事日数

氏名	住所	国籍等	在留資格又は特別永住者	役職	農業への年間従事日数		必要な農作業への年間従事日数	
					直近実績	見込み	直近実績	見込み
畑山　二郎	××市××町5丁目5番55号			代表取締役	300	300	250	250
森　　茂	××市××町4丁目4番44号			取締役	250	280	200	230

4　重要な使用人の農業への従事状況

氏名	住所	国籍等	在留資格又は特別永住者	役職	農業への年間従事日数		必要な農作業への年間従事日数	
					直近実績	見込み	直近実績	見込み

注４　「農業関係者」には、農業法人に対する投資の円滑化に関する特別措置法第５条に規定する承認会社が法人の構成員に含まれる場合には、その承認会社の株主の氏名又は名称及び株主ごとの議決権の数を記載します。複数の承認会社が構成員となっている法人にあっては、承認会社ごとに区分して株主の状況を記載します。

注５　農地中間管理機構を通じて法人に農地等を提供している者が法人の構成員となっている場合、「２⑴農業関係者」の「農地等の提供面積（㎡）」の「面積」欄には、その構成員が農地中間管理機構に使用貸借による権利又は賃借権を設定している農地等のうち、当該農地中間管理機構が当該法人に使用貸借による権利又は賃借権を設定している農地等の面積を記載します。

注６　２の住所又は主たる事務所の所在地及び国籍等並びに３の国籍等並びに４の国籍等の各欄については、所有権を移転する場合のみ記載してください（ただし、２の住所又は主たる事務所の所在地及び国籍等の各欄については、総株主の議決権の100分の５以上を有する株主又は出資の総額の100分の５以上に相当する出資をしている者に限る。）。
　国籍等は、住民基本台帳法第30条の45に規定する国籍等（日本国籍の場合は、「日本」）を記載するとともに、中長期在留者にあっては在留資格、特別永住者にあってはその旨を併せて記載してください。法人にあっては、その設立に当たって準拠した法令を制定した国（内国法人の場合は、「日本」）を記載してください。
　なお、４については、３の理事等のうち、法人の農業に従事する者（原則年間150日以上）であって、かつ、必要な農作業に農地法施行規則第８条に規定する日数（原則年間60日）以上従事する者がいない場合にのみ記載してください。

ii 農地法３条の許可申請書の添付書類

① 申請に係る土地の登記事項証明書（全部事項証明書に限る。）

② 法人にあっては、定款又は寄附行為の写し（独立行政法人及び地方公共団体を除く。）

③ 農地所有適格法人（農事組合法人又は株式会社に限る。）にあっては、組合員名簿又は株主名簿の写し

④ 農業法人に対する投資の円滑化に関する特別措置法（以下「投資円滑化法」という。）５条に規定する承認会社が構成員となっている農地所有適格法人にあっては、その構成員が承認会社であることを証する書面及びその構成員の株主名簿の写し

⑤ いわゆる畜産公社にあっては、農地法省令16条２項の要件を満たしていることを証する書面

⑥ 解除条件付貸借の場合にあっては、農地等の適正な利用を確保するための条件が付されている契約書の写し

⑦ 景観整備機構である場合には、市町村長の指定を受けたことを証する書面

⑧ 構造改革特別区域法24条１項の規定により許可を受けようとする者にあっては、同法24条１項１号に規定する契約書の写し

⑨ 連署しないで申請書を提出する場合には、単独申請ができる場合（農地法省令10条１項）のいずれかに該当することを証する書面

⑩ その他参考となるべき事項

iii 農地法３条の許可の基準

農地法３条の許可申請書の提出があったときは、農業委員会が許可をするか、不許可にするかを決めることになりますが、許可してはならない場合が法律上明らかにされています（農地法３条２項、３項）。

1　一般の場合（農地法３条２項）

具体的な基準の主なものは一般の場合は次のようになっており、これらのいずれかに該当するときは許可されません。

なお、３条３項の要件を満たしている解除条件付貸借（使用貸借又は賃貸借）の場合は、一般の場合の２号及び４号は適用されませんが、その他の基準は適用され、さらに３条３項の要件を充足する必要があります（要件Ｐ44）。

1号　権利を取得しようとする者（その世帯員等を含む）が、農業経営に供すべき農地[注1]（農地及び採草放牧地をいいます。以下同じです）の全てについて効率的に利用して耕作すると認められない場合。

これは自ら効率的に利用して耕作しないで転売したり、貸したり、効率的利用をせず保有だけのために権利を取得しようとすることを防止するための要件です。

なお、権利取得者等が所有している農地であって他の者に貸し付けているものは、そもそも耕作できませんので、「農業経営に供すべき農地」には含まれません。

また、賃貸借で貸している農地等の所有権を借受者又はその世帯員以外の者に移転する場合、当該農地は、所有権を取得しようとする者が「農業経営に供すべき農地」に該当すると解され、一般的に不許可相当になります。ただし、この借受者の有する権限が第三者に対抗できるもの（賃借権など）であっても、取得する者及びその世帯員等の耕作又は養畜の事業に必要な機械の所有状況、農作業に従事する者の数などからみて次に該当するときは、不許可の例外とされます（農地法政令２条１項２号）。

①　許可申請の際、現に所有権を取得しようとする者又はその世帯員等が耕作等に供すべき農地等の全てを効率的に利用して耕作等を行うと認められること

②　所有権を取得しようとする農地等についての所有権以外の権原の存続期間の満了その他の事由によりその農地等を自ら耕作等に供することが可能となった場合において、所有権を取得しようとする者又はその世帯員等が耕作等に供すべき農地等の全てを効率的に利用して耕作等を行うことができると認められること

2号　農地所有適格法人（Ｐ10）以外の法人が権利を取得しようとする場合

注１　「農業経営に供すべき農地」とは、権利を取得しようとする農地、既に所有している農地、他人に貸している農地にあっては返還を受けられない農地以外の農地、借りている農地、すなわち耕作する権原のある農地のことをいいます。

ただし、農地所有適格法人以外の法人であっても解除条件付の使用貸借権又は賃借権を設定する場合及び農地法政令で定めている場合等許可できる場合があります注2（農地法３条１項～３項、農地法政令２条)。

3号　信託の引き受けにより権利を取得しようとする場合

農業協同組合又は農地中間管理機構が信託事業による信託の引き受けにより所有権を取得する場合は例外として許可なく取得できます。

4号　権利を取得しようとする者（農地所有適格法人を除く）又はその世帯員等が農業経営に必要な農作業に常時従事すると認められない場合

常時従事の判断は、年間150日以上農作業に従事している場合は常時従事していると認められます。150日未満であっても、必要な農作業がある限り農作業に従事していれば、短期間に集中的に処理しなければならない時期に他に労働力を依存しても常時従事していると認められます。

5号　所有権以外の権原で耕作している者が転貸しようとする場合

ただし、次の場合は除かれます。

ア　経営者又はその世帯員等の死亡又は病気等の特別な事由により耕作できないために一時貸し付けようとする場合

イ　世帯員等に貸し付けようとする場合

ウ　水田裏作のため貸し付けようとする場合

エ　農地所有適格法人の常時従事者たる構成員がその法人に貸し付けようとする場合

6号　権利を取得しようとする者（又はその世帯員等）が取得後に行う耕作等の事業の内容、農地の位置及び規模からみて、農地の集団化、農作業の効率化その他周辺地域の農地等の農業上の効率的かつ総合的な利用の確保に支障が生ずるおそれがある場合

2　解除条件付貸借の場合（農地法３条３項）

農地等について使用貸借による権利又は賃借権が設定される場合に、次の要件を満たしていれば、個人（農作業に常時従事しない個人でも)、法人（農地所有適格法人以外の法人でも）にかかわらず１の「一般の場合」の２号及び４号の要件が適用されません。

①　農地等の権利を取得後適正に利用していない場合に使用貸借又は賃貸借を解除する旨の条件が書面による契約に付されている場合

②　権利を取得しようとする者が地域の他の農業者と適切な役割分担の下に継続的かつ安定的に農業を行うと認められる場合

注２　農地所有適格法人以外の法人が農地の取得を認められる場合

1　１号～７号まで除かれる場合

①　農地中間管理機構が、あらかじめ農業委員会に届け出て農地売買等事業の実施により権利を取得する場合（農地法３条１項13号）→許可不要

②　農地中間管理機構があらかじめ農業委員会に届け出て、農地中間管理権又は経営受託権を取得する場合（農地法３条１項14号の２）→許可不要

③　農業協同組合又は農業協同組合連合会が、農地の所有者から農業経営の委託を受けることにより権利を取得する場合及び農業経営のために使用貸借権又は賃借権を取得する場合（農地法３条２項ただし書）

2　３項が適用され２号・４号が除かれる場合

解除条件付文書契約で使用貸借権、賃借権を取得する場合

3　取得後の農地の全てについて耕作の事業を行うと認められる場合で１号・２号・４号が除かれる場合（農地法政令２条１項１号）

①　農薬会社、肥料会社等が、その法人の業務の運営に欠くことのできない試験研究又は農事指導のための試験ほ場等として権利を取得する場合

②　地方公共団体（都道府県を除く）が、公用・公共用の目的に供するため権利を取得する場合

③　学校法人、医療法人、社会福祉法人等が教育実習農場、リハビリテーション農場等教育、医療又は社会福祉事業の運営に必要な施設の用に供するため権利を取得する場合

④　独立行政法人農林水産消費安全技術センター、独立行政法人家畜改良センター又は国立研究開発法人農業・食品産業技術総合研究機構が、その業務の運営に必要な施設の用に供するため権利を取得する場合

4　１号は適用されるが、２号・４号が除かれる場合（農地法政令２条２項）

①　農業協同組合、農業協同組合連合会又は農事組合法人が、稚蚕共同飼育のための桑園、共同育成牧場等その構成員の行う農業に必要な施設の用に供するために権利を取得する場合

②　森林組合、生産森林組合又は森林組合連合会が、森林の経営又はその法人の構成員の行う森林の経営に必要な樹苗の採取若しくは育成の用に供するため権利を取得する場合

③　いわゆる畜産公社が、乳牛又は肉用牛の育成牧場の用に供するため権利を取得する場合

⇩

「いわゆる畜産公社」とは、畜産農家に対して乳牛又は肉用牛を育成して供給し、又は畜産農家から委託を受けて乳牛又は肉用牛を育成する一般社団法人・一般財団法人で次のいずれかに該当するものをいいます（農地法政令２条２項３号、農地法省令16条２項）。

ア　農業協同組合、地方公共団体等の有する議決権の数の合計が３/４以上を占める一般社団法人

イ　地方公共団体の有する議決権の数が過半を占める一般社団法人

ウ　地方公共団体の拠出した基本財産の額が総額の過半を占める一般財団法人

④　東日本高速道路株式会社、中日本高速道路株式会社又は西日本高速道路株式会社が、その事業に必要な樹苗の育成の用に供するため権利を取得する場合

③　権利を取得する者が法人の場合、当該法人の業務を執行する役員又は権限及び責任を有する使用人のうち１人以上が耕作又は養畜の事業に常時従事すると認められる場合

なお、この場合、許可後使用貸借による権利又は賃借権の設定を受けた者は毎年、その農地等の利用状況について農業委員会に報告しなければなりません[注1]（農地法６条の２）。

注１　この解除条件付貸借の許可を受けて使用貸借による権利又は賃借権を取得した者が適正な利用をしていない場合等には次のように取り扱われることになります。

ⅰ）必要な措置を講ずべき旨の勧告（農地法３条の２・１項）

ア　周辺の地域における農地等の農業上の効率的かつ総合的な利用の確保に支障が生じている場合

イ　地域の他の農業者との適切な役割分担の下に継続的かつ安定的に農業経営を行っていないと認める場合

ウ　法人にあっては、業務を執行する役員等が誰も耕作等の事業に常時従事していない場合

ⅱ）許可の取り消し（農地法３条の２・２項）

ア　農地等を適正に利用していないと認められるにもかかわらず、使用貸借又は賃貸借の解除をしないとき

イ　ⅰ）の勧告に従わなかったとき

許可を受けないで耕作するために農地が取得できる場合

（主なもの）

1　農地等の権利の設定・移転が農地法の権利移動制限の趣旨を十分尊重するような仕組みになっているもの

①　農地法の規定によって権利が設定・移転される場合（農地法３条１項１号、３号、４号）

②　国、都道府県が権利を取得する場合（５号）

③　土地改良法等による交換分合によって権利が設定・移転される場合（６号）

④　農地中間管理事業法による農用地利用配分計画により賃借権又は使用貸借による権利が設定・移転される場合（７号）

⑤　民事調停法による農事調停によって権利が設定・移転される場合（10号）

⑥　土地収用法等によって収用又は使用される場合（11号）

⑦　農地中間管理機構があらかじめ農業委員会に届け出て農地売買等事業の実施により権利を取得する場合（13号）

⑧　農業協同組合又は農地中間管理機構が信託事業による信託の引き受けにより所有権を取得する場合（14号）

⑨　農地中間管理機構があらかじめ農業委員会に届け出て農地中間管理事業の実施により農地中間管理権を取得する場合（14号の２）等

2　権利の設定・移転の性質上農地法の許可を受けさせることが適当でないもの

①　遺産の分割、離婚による財産分与の裁判等によって権利が設定・移転される場合（12号）

②　信託事業による信託の終了により農業協同組合又は農地中間管理機構から委託者へ所有権が移転される場合（14号）

③　いわゆる古都保存法によって指定都市が農地等を買い入れる場合（15号）

④　土地収用法等による買受権により旧所有者等が買い受ける場合（16号・農地法省令15条２号）

⑤　包括遺贈又は相続人に対する特定遺贈（16号・農地法省令15条５号）等

3　農地法の許可は、契約その他の法律行為によって農地等の権利が設定・移転する場合を対象としていることから、これらに該当しないもの

①　相続

②　時効取得

③　法人の合併・分割　等

4　農業委員会に届出を必要とするもの（農地法３条の３、農地法省令20条）

２の①、⑤及び３など農地法の許可を受けないでよい場合でも、農地又は採草放牧地の権利を取得した者は、農地法３条の３の規定により遅滞なく（おおむね10カ月以内）農業委員会に届け出る必要があります（P52）。

①　相続（遺産分割及び包括遺贈又は相続人に対する特定遺贈を含みます）

②　法人の合併・分割

③　時効取得　等

仮登記、抵当権のある土地の許可の取り扱い

仮登記、抵当権の登記がされている農地の売買についても、これらの登記がない農地の売買の場合と同様の基準により許可、不許可が決められます。

〔判例〕

（最高裁、昭和42年（オ）495号　昭和42年11月10日　第２小法廷判決）

農地法３条に基づく許可は、農地法の立法目的に照らして、申請に係る農地の所有権移転等につき、その権利の取得者が農地法上の適格性を有するか否かの点についてのみ判断して決定すべきであり、それ以上に、その所有権移転等の私法上の効力の成否等についてまで判断すべきでない。

なお、農地の所有権の二重譲渡の場合にも、その所有権の優劣は、知事の所有権移転の許可の先後によってではなく、所有権移転登記の先後によって決定される。

iv 許可指令書

【事務処理要領　様式例第1号の2】農地法3条の規定による許可申請に係る許可指令書

指令第　　○○　　号
令和[注2] 6 年 4 月 26 日

住所[注1]　××市××町3丁目3番33号
氏名　田川一郎　　　　　殿

○○○農業委員会　会長　何某[注3]

令和 6 年 4 月 1 日付けをもって農地法第3条第1項の規定による許可申請があった農地 ~~(採草放牧地)~~ についての賃借権の設定は下記により許可します。[注4]

記

1　当事者の氏名等

~~譲渡人~~ ~~(~~設 定 者~~)~~ 住所　××市××町3丁目3番33号
氏名　田川一郎
~~譲受人~~ ~~(~~被設定者~~)~~ 住所　××市××町5丁目5番55号
氏名　株式会社　畑山農産
代表取締役　畑山二郎

2　許可する土地

所在・地番	地目		面積(㎡)	備考
	登記簿	現況		
○○市○○町 大字××字××　333番	田	田	3,000	
〃　334番	〃	〃	1,700	
〃　335番	〃		500	
〃　503番	〃	〃	300	

3　条件 注5

注１　連署による申請は、申請人それぞれに交付します。

注２　日付けは、許可指令書を施行した日→指令書が申請者に交付されたときから効力が生じます。農業委員会の会議で議決したときから効力が生ずるものではありません。

注３　許可等の通知は、農業委員会の会長名で行うほか、農業委員会名で行うことも否定されるものではありません。

注４○　様式中不要の文字は抹消し、本文には申請に係る権利の種類及び設定又は移転の別を記入します。

○　法人である場合においては、住所は主たる事務所の所在地を、氏名は法人の名称及び代表者の氏名をそれぞれ記載します。

○　不許可又は却下をする場合にあっては、様式本文中「下記により許可します」とあるのを、「下記理由により許可しません」又は「下記理由により却下します」とし、その理由を記載します。

○　農業委員会が申請を却下し、申請の全部若しくは一部について不許可をし、又は条件を付して許可する場合は、指令書の末尾に次のように記載します。

「〔教示〕

1　この処分に不服があるときは、地方自治法（昭和22年法律第67号）第255条の２第１項の規定により、この処分があったことを知った日の翌日から起算して３か月以内に、審査請求書（行政不服審査法（平成26年法律第68号）第19条第２項各号に掲げる事項（審査請求人が、法人その他の社団若しくは財団である場合、総代を互選した場合又は代理人によって審査請求をする場合には、同条第４項に掲げる事項を含みます。）を記載しなければなりません。）正副２通を都道府県知事に提出して審査請求をすることができます。

2　この処分については、上記１の審査請求のほか、この処分があったことを知った日の翌日から起算して６か月以内に、市町村を被告として（訴訟において市町村を代表する者は農業委員会となります。）、処分の取消しの訴えを提起することができます。

なお、上記１の審査請求をした場合には、処分の取消しの訴えは、その審査請求に対する裁決があったことを知った日の翌日から起算して６か月以内に提起することができます。

3　ただし、上記の期間が経過する前に、この処分（審査請求をした場合には、その審査請求に対する裁決）があった日の翌日から起算して１年を経過した場合は、審査請求をすることや処分の取消しの訴えを提起することができなくなります。

なお、正当な理由があるときは、上記の期間やこの処分（審査請求をした場合には、その審査請求に対する裁決）があった日の翌日から起算して１年を経過した後であっても審査請求をすることや処分の取消しの訴えを提起することが認められる場合があります。」

注５　農地法３条３項の適用を受けて同条１項の許可をする場合は、毎年、その農地（採草放牧地）の利用状況について、農業委員会に報告しなければならない旨記載します。

＜参考＞　申請書の末尾に次のように記載しているところもあります。

許可指令書

○○○○指令第○号

この申請は、許可します。

令和　6　年　4　月26　日

○○○農業委員会会長　何某

V 許可を受けないでよい場合の届出

【事務処理要領　様式例第３号の１】

農地法第３条の３の規定による届出書

令和 6 年 4 月 5 日

農業委員会会長　殿

住所[注1] ○○市○○町○丁目○○番○号
氏名 大竹　直行

下記農地 ~~(採草放牧地)~~ について、遺産分割により所有権[注2]を取得したので、農地法第３条の３の規定により届け出ます。

記

1　権利を取得した者の氏名等[注3]（国籍等は、所有権を取得した場合のみ記載してください。）

氏　　　名	住　　　所	国籍等	在留資格又は特別永住者
大竹直行	○○市○○町○丁目○○番○号	日本	

2　届出に係る土地の所在等

所在・地番	地目		面　積（㎡）	備　考[注4]
	登記簿	現　況		
○○市○○町大字 ○○321番	田	田	3,000	

3　権利を取得した日
令和 6 年 4 月 1 日

4　権利を取得した事由[注5]
遺産分割により取得

5　取得した権利の種類及び内容[注6]
所有権、現在私が耕作しており、貸す予定はありません。

6　農業委員会によるあっせん等の希望の有無[注7]
自ら耕作しますので農業委員会のあっせんは希望しません。

注１　法人である場合は、住所は主たる事務所の所在地を、氏名は法人の名称及び代表者の氏名をそれぞれ記載します。

注２　本文には権利を取得した事由及び権利の種類を記載します。

注３　権利を取得した者が連名で届出をする場合は、届出者の住所及び氏名をそれぞれ記載します。また、「権利を取得した者の氏名等」は必要に応じ、行を追加します。

注４　登記簿上の所有名義人と現在の所有者が異なるときに登記簿上の所有者を記載します。

注５　相続（遺産分割及び包括遺贈又は相続人に対する特定遺贈を含む。）、法人の合併・分割、時効等の権利を取得した事由の別を記載します。

注６　取得した権利が所有権の場合は、現在の耕作の状況、使用収益権の設定（見込み）の有無等を記載し、取得した権利が所有権以外の場合は、現在の耕作の状況、賃借料、契約期間等を記載します。また、共有物として農地又は採草放牧地の権利を取得した場合であって、届出者以外にも共有者がいるときは、その人数を記載します。なお、人数がわからない場合は、その旨を記載します。

注７　権利を取得した農地又は採草放牧地について、第三者への所有権の移転又は賃借権の設定等の農業委員会によるあっせん等を希望するかどうかを記載します。

【事務処理要領　様式例第３号の２】

受　理　通　知　書[注2]

第　　×××　　号
令和　6　年　4　月　5　日

届出者　住所[注1]　〇〇市〇〇町〇丁目〇〇番〇号
　　　　氏名　大竹　直行　殿

農業委員会会長

令和　6　年　4　月　5　日付けで届出書の提出があった農地法第３条の３の規定による届出についてはこれを受理[注2]したので通知します。

なお、本通知は権利関係を証明するものではないので念のため申し添えます。

１　権利を取得した者として届出があった者の氏名等

氏　　名	住　　所
大竹直行	〇〇市〇〇町〇丁目〇〇番〇号

２　届出に係る土地の所在等

所在・地番	地目		面　積（㎡）	備　　考
	登記簿	現　況		
〇〇市〇〇町大字 〇〇321番	田	田	3,000	

注１　法人である場合は、住所は主たる事務所の所在地を、氏名は法人の名称及び代表者の氏名をそれぞれ記載します。

注２　届出を受理しない場合は、標題の「受理通知書」とあるのを「不受理通知書」とし、また、様式本文中「これを受理したので通知します。なお、本通知は権利関係を証明するものではないので念のため申し添えます。」とあるのを、「以下の理由により受理しません。」とし、その理由を記載します。

Ⅳ

農地を転用する、又は転用するための売買・貸借

1　農地を転用する、又は転用するための売買・貸借

市街化区域外

農地法４条許可を受ける場合

⇨所有者等権利を有する者が自ら転用する場合

＜対象＞　農地（採草放牧地は規制の対象外）

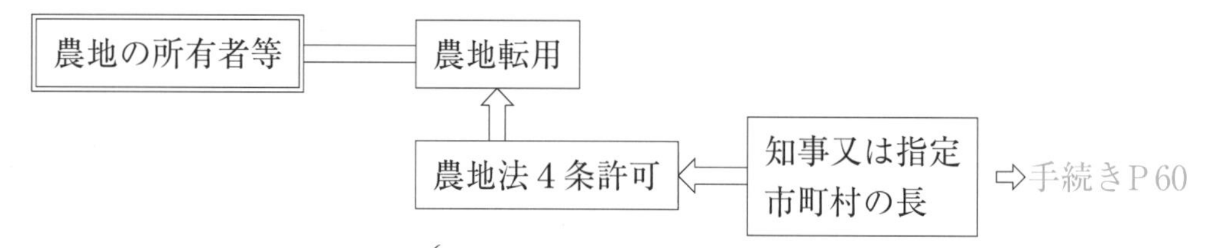

必要な許可を受けないでした農地の転用は、農地法に違反し、51条の規定により工事の中止命令等がなされることがあるほか、64条の罰則の適用がある。

農地法５条許可を受ける場合

⇨農地等の権利を取得して転用する場合

＜対象＞

農地
採草放牧地 } 農地等

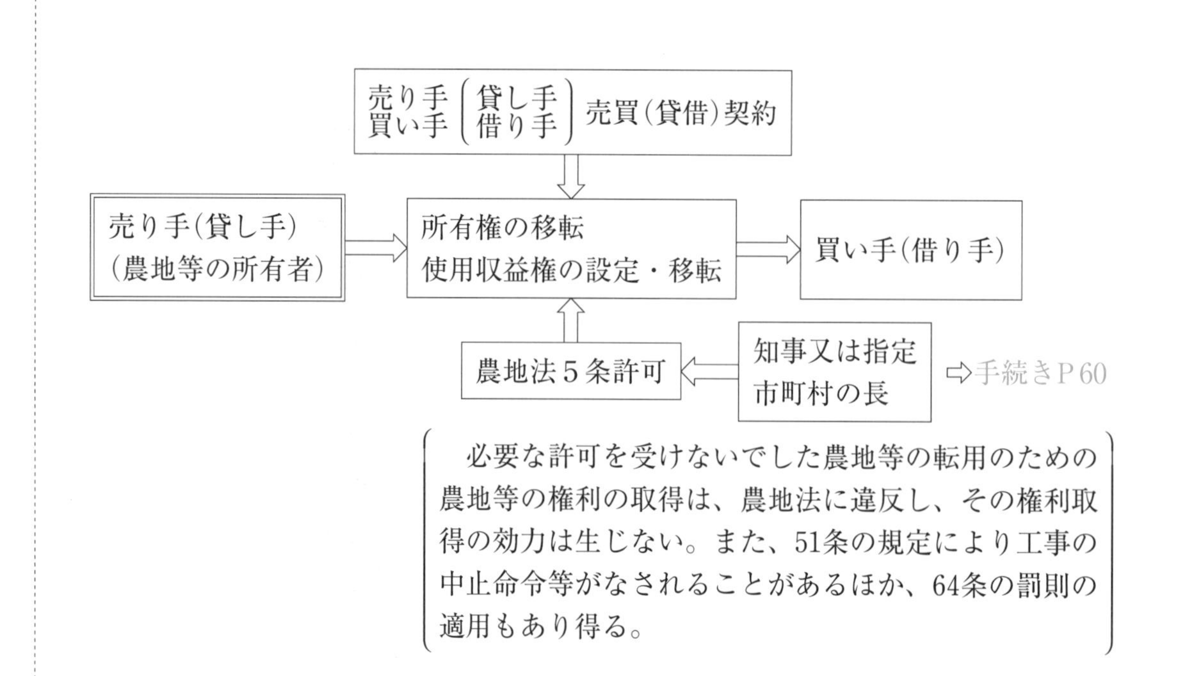

必要な許可を受けないでした農地等の転用のための農地等の権利の取得は、農地法に違反し、その権利取得の効力は生じない。また、51条の規定により工事の中止命令等がなされることがあるほか、64条の罰則の適用もあり得る。

市街化区域内

農地法４条１項７号の農地転用届出

⇨所有者等権利を有する者が自ら転用する場合

＜対象＞　農地（採草放牧地は届出不要）

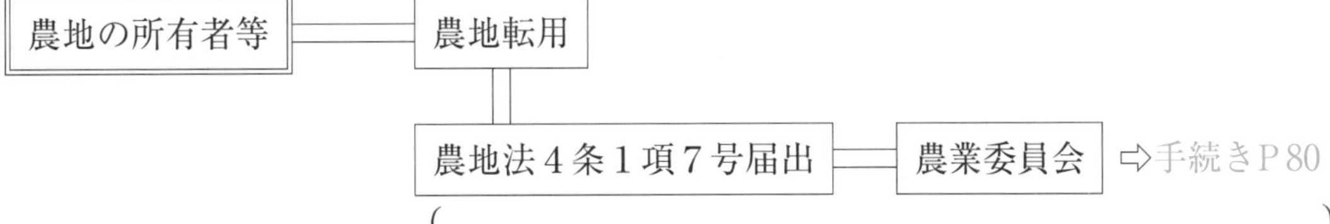

⇨手続きＰ80

適法な届出を行わないでした農地の転用は、農地法に違反し、51条の規定により工事の中止命令等がなされることがあるほか、64条の罰則の適用がある。

農地法５条１項６号の農地転用届出

⇨農地等の権利を取得して転用する場合

＜対象＞

農地
採草放牧地
｝農地等

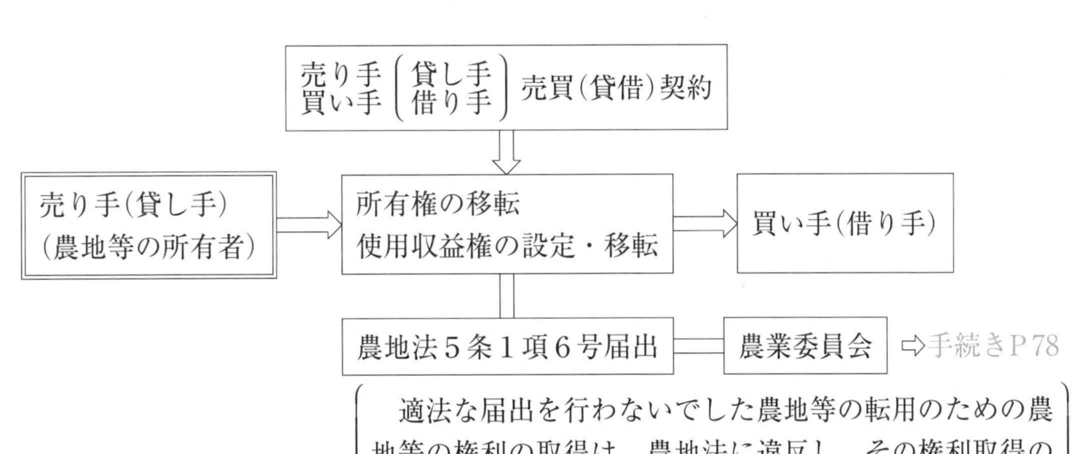

⇨手続きＰ78

適法な届出を行わないでした農地等の転用のための農地等の権利の取得は、農地法に違反し、その権利取得の効力は生じない。また、51条の規定により工事の中止命令等がなされることがあるほか、64条の罰則の適用もあり得る。

2　農地法４条及び５条の許可を受ける手順

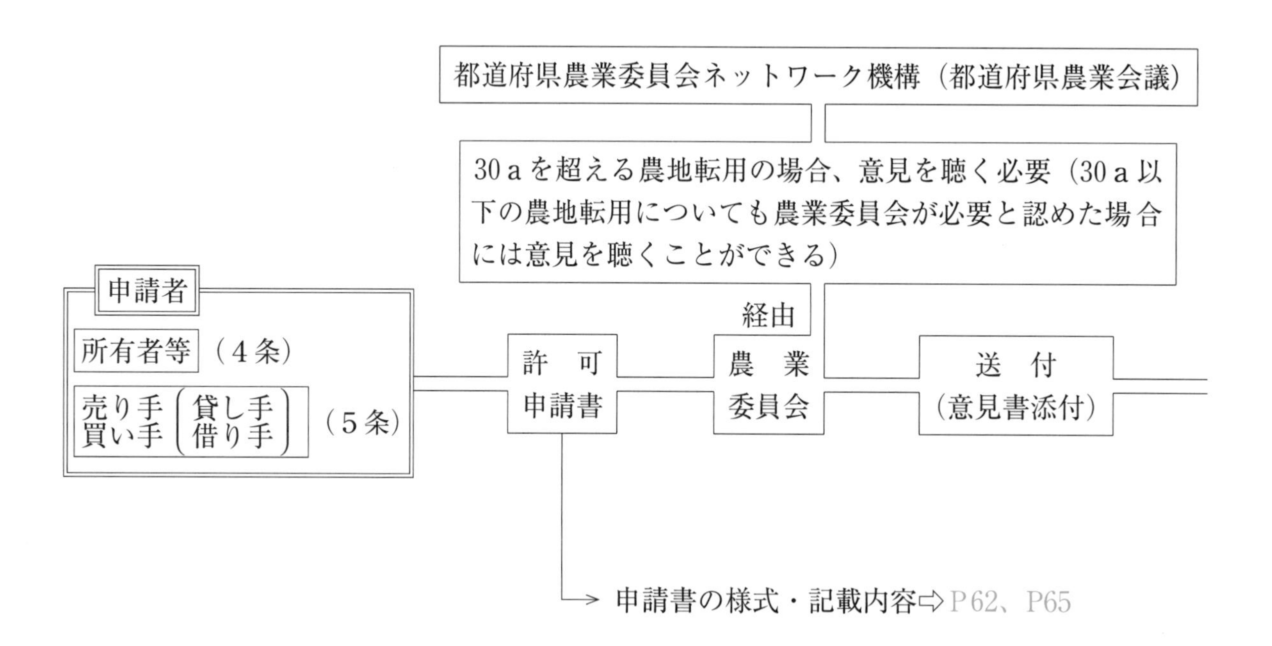

○４条申請

・転用する者……所有者等

・対象地……農地

○５条申請

・連署による申請

・対象地……農地及び採草放牧地

<例外＝単独で申請できる場合>

①　単独行為

ア　強制競売

イ　担保権の実行としての競売（その例による競売を含む）

ウ　公売

エ　遺贈

オ　その他の単独行為による場合

②　判決が確定した場合等

ア　判決の確定

イ　裁判上の和解若しくは請求の認諾

ウ　民事調停法による調停の成立

エ　家事事件手続法による審判の確定、若しくは調停の成立

許可を受けないでよい場合⇨P71

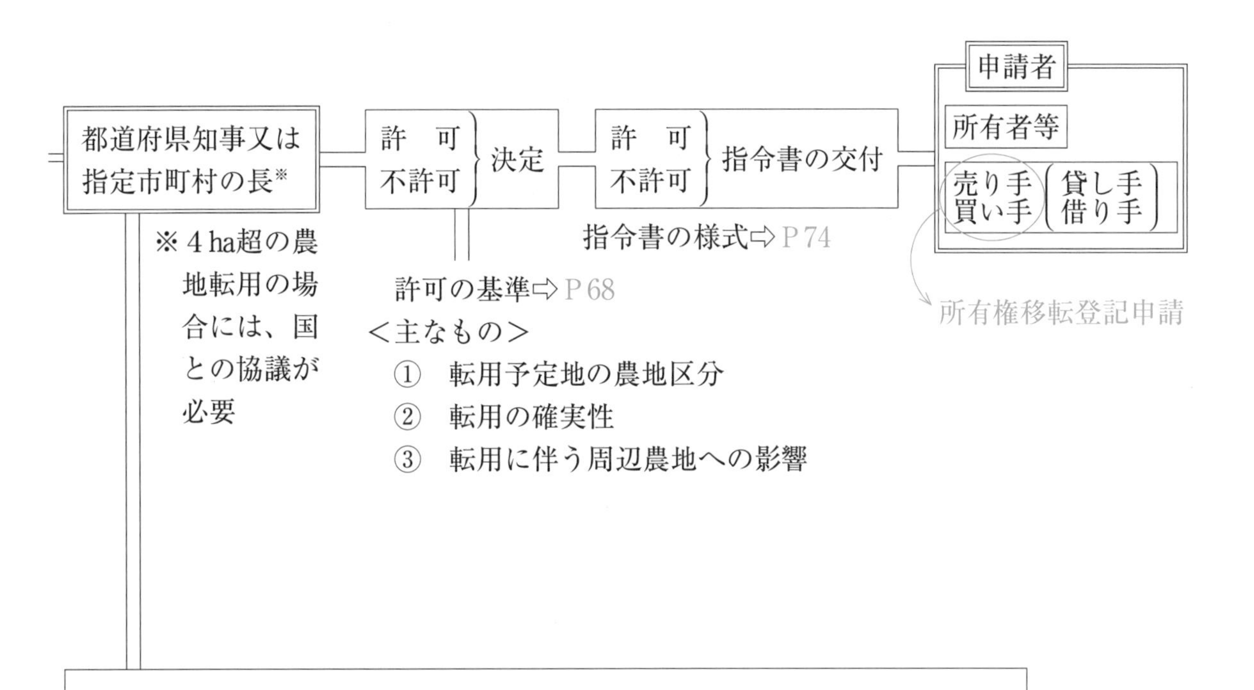

指定市町村とは、農地転用許可制度を適正に運用し、優良農地を確保する目標を立てるなどの要件を満たしているものとして、農林水産大臣が指定する市町村のことをいう。指定市町村は、農地転用許可制度において、都道府県と同様の権限を有することになる。

i 農地法５条の規定による許可申請書

【事務処理要領　様式例第４号の２】

農地法第５条第１項による許可申請書

令和　6　年　4　月　1　日

○○県知事
○○町長　　　　殿

譲渡人が２名以上である場合等には別紙（P64）によるものとします。

譲受人　家野建夫
注2
譲渡人　農地　譲

下記のとおり転用のため農地~~（採草放牧地）~~の権利を~~設定（~~移転~~）~~したいので、農地法第５条第１項の規定により許可を申請します。

記

1当事者の住所等 注1・注2	当事者の別	氏名	住所
	譲受人	家野建夫	○○都道府県○○郡市○○町村○○111番地
	譲渡人 注2	農地　譲	○○都道府県○○郡市○○町村△△222番地

又は「別紙のとおり」としてP64参照

2許可を受けようとする土地の所在等 注2	土地の所在	地番	地目		面積	所有権以外の使用収益権が設定されている場合		市街化区域・市街化調整区域・その他の区域の別 注3
			登記簿	現況		権利の種類	権利者の氏名又は名称	
	○○郡市○○町村 大字○○字××	333番	畑	畑	330 ㎡			都市計画区域外
	計330 ㎡（田　　㎡　畑　330　㎡　採草放牧地　　㎡）							

又は「別紙のとおり」としてP64参照

3転用計画		
(1)転用目的	住宅用地	(2)権利を設定し、又は移転しようとする理由の詳細　自己住宅の建築
(3)事業の操業期間又は施設の利用期間	6　年　11　月　1　日から　永久　年間	

(4)転用の時期及び転用の目的に係る事業又は施設の概要 注4

工事計画	第1期（着工2年6月1日から2年10月31日まで）				第2期	合計		
	名称	棟数	建物面積	所要面積		棟数	建築面積	所要面積
土地造成				330㎡				330㎡
建築物	木造2階建住宅	1棟	130㎡			1	130㎡	
小計			130	330				
工作物								
小計								
計		1棟	130	330		1	130	330

4権利を設定し又は移転しようとする契約の内容	権利の種類	権利の設定・移転の別	権利の設定・移転の時期	権利の存続期間	その他
	所有権	設定　（移転）	令和6年6月1日	令和6年6月1日から永久	

5 資金調達についての計画	① 自己資金 1,500万円 ② 借入金 2,000万円
6 転用することによって生ずる付近の土地・作物・家畜等の被害防除施設の概要	排水は公共下水道に排出し被害のないようにする。
7 その他参考となるべき事項 注5	

注1　当事者が法人である場合には、「氏名」欄に名称及び代表者の氏名を、「住所」欄にその主たる事務所の所在地をそれぞれ記載します。

注2　譲渡人が2人以上である場合には、申請書の差出人は「譲渡人何某」及び「譲渡人何某外何名」とし、申請書の1及び2の欄には「別紙記載のとおり」と記載して申請できます。この場合の別紙の様式は、次（P64）の別紙1及び別紙2のとおりです。

注3　申請に係る土地が都市計画法による市街化区域、市街化調整区域又はこれら以外の区域のいずれに含まれているかを記載します。

注4　工事計画が長期にわたるものである場合には、できる限り工事計画を6か月単位で区分して記載します。

注5　申請に係る土地が市街化調整区域内にある場合には、転用行為が都市計画法29条の開発許可及び同法43条1項の建築許可を要しないものであるときはその旨並びに同法29条及び43条1項の該当する号を、転用行為が当該開発許可を要するものであるときはその旨及び同法34条の該当する号を、転用行為が当該建築許可を要するものであるときはその旨及び建築物が同法34条1号から10号まで又は都市計画法施行令36条1項3号ロからホまでのいずれの建築物に該当するかを、転用行為が開発行為及び建築行為のいずれも伴わないものであるときは、その旨及びその理由をそれぞれ記載します。

〔別紙１〕申請書の１の欄　当事者の住所等

当事者の別	氏　　名	住　　　　所
譲 受 人	家野建夫	○○県○○郡○○町○○111番地
譲 渡 人	農地　譲	○○県○○郡○○町△△222番地

〔別紙２〕申請書の２の欄　許可を受けようとする土地の所在等

譲渡人の氏名	所　在	地　番	地　目		面　積	所有権以外の使用収益権が設定されている場合		市街化区域・市街化調整区域・その他の区域の別
			登記簿	現　況		権利の種類	権利者の氏名又は名称	
農地　譲	○○郡○○町大字○○字××	333番	畑	畑	330㎡			
計 ○ 筆○○㎡（田　○○　㎡、畑　○○　㎡、採草放牧地　○○　㎡）								

（記載要領）本表は、〔別紙１〕の譲渡人の順に名寄せして記載してください。

ii 農地法4条の規定による許可申請書

【事務処理要領　様式例第4号の1】

農地法第4条第1項の規定による許可申請書

令和 6 年 4 月 1 日

○○県知事
○○町長　　　　殿

申請者氏名　会田　栄

下記のとおり農地を転用したいので、農地法第4条第1項の規定により許可を申請します。

記

<table>
<tr><td rowspan="2">1申請者の住所等</td><td colspan="7">住　　所</td></tr>
<tr><td colspan="7">○○ 都道府県(県) ○○ 郡(郡)市 ○○ 町(町)村 △△501 番地</td></tr>
<tr><td rowspan="5">2許可を受けようとする土地の所在等</td><td rowspan="2">土地の所在</td><td rowspan="2">地番</td><td colspan="2">地目</td><td rowspan="2">面積</td><td rowspan="2">耕作者の氏名</td><td rowspan="2">市街化区域・市街化調整区域・その他の区域の別</td></tr>
<tr><td>登記簿</td><td>現況</td></tr>
<tr><td>○○郡(郡)市 ○○町(町)村 大字○○</td><td>660番</td><td>畑</td><td>畑</td><td>300 ㎡</td><td>会田　栄</td><td>都市計画区域外</td></tr>
<tr><td></td><td></td><td></td><td></td><td></td><td></td><td></td></tr>
<tr><td colspan="7">計 300 ㎡（田　　㎡　畑　300　㎡）</td></tr>
<tr><td rowspan="2">3転用計画</td><td>(1)転用事由の詳細</td><td>用　途
農機具収納施設用地</td><td colspan="5">事由の詳細　大型機械整備のため</td></tr>
<tr><td colspan="7">(2)　P62の3の(3)と同じ
(3)　P62の3の(4)と同じ</td></tr>
</table>

4　P63の５と同じ
5　P63の６と同じ
6　P63の７と同じ

注　記載要領は、「農地法第５条第１項による許可申請書」の注（P63）に準じますが、採草放牧地に係る部分は除かれます。

iii 農地法５条の許可申請書の添付書類

（農地法省令57条の４・２項、事務処理要領第４・１⑵イ）

① 法人にあっては、定款又は寄附行為及び法人の登記事項証明書
② 申請に係る土地の登記事項証明書（全部事項証明書に限る）
③ 申請に係る土地の地番を表示する図面
④ 転用候補地の位置及び附近の状況を表示する図面（縮尺は10,000分の１ないし50,000分の１程度）
⑤ 転用候補地に建設しようとする建物又は施設の面積、位置及び施設物間の距離を表示する図面（縮尺500分の１～2,000分の１程度。当該事業に関連する設計書等の既存の書類の写しを活用させることも可能）
⑥ 当該事業を実施するために必要な資力及び信用があることを証する書面
⑦ 所有権以外の権原に基づいて申請をする場合には、所有者の同意があったことを証する書面、申請に係る農地等につき地上権、永小作権、質権又は賃借権等転用行為の妨げとなる権利を有する者がいる場合には、その同意があったことを証する書面
⑧ 当該事業に関連して法令の定めるところにより許可、認可、関係機関の議決等を要する場合において、これを了しているときは、その旨を証する書面
⑨ 申請に係る農地等が土地改良区の地区内にある場合には、当該土地改良区の意見書（意見を求めた日から30日を経過してもその意見を得られない場合にあっては、その事由を記載した書面）
⑩ 当該事業に関連する取水又は排水につき水利権者、漁業権者その他関係権利者の同意を得ている場合には、その旨を証する書面
⑪ その他参考となるべき書類（許可申請の審査をするに当たって、特に必要がある場合に限ることとし、印鑑証明、住民票等の添付を一律に求めることは適当でない）

iv 農地法４条の許可申請書の添付書類

（農地法省令30条、事務処理要領第４・１⑴イ）

ⅲの①～⑩に同じ。

ただし、⑦及び⑨の「農地等」は、「農地」と読み替えます。

3　農地法４条及び５条の許可の基準

基準は大きく分けて、ｉ 農地が優良農地か否かの面からみる「**立地基準**」と、ⅱ 確実に転用事業に供されるか、周辺の営農条件に悪影響を与えないか等の面からみる「**一般基準**」とからなっており、両方を満たす必要があります（※以下、根拠条文は農地法４条についてのみ記載します）。

ｉ 立地基準

優良農地の確保を図りつつ、社会経済上必要な需要に適切に対応

ア　原則として許可しない農地

⑴　優良農地

①　**農用地区域**内にある農地（農地法４条６項１号イ）

②　**第１種農地**　集団的に存在する農地その他の良好な営農条件を備えている農地（（農地法政令５条）（おおむね10ha以上の規模の一団の農地、土地改良事業を実施した農地等））で第２種農地、第３種農地に該当しない農地（農地法４条６項１号ロ）

③　**甲種農地**　市街化調整区域内にある特に良好な営農条件を備えている農地（農地法政令６条）（おおむね10ha以上の規模の一団の農地のうち「高性能の農業機械による営農に適するもの」（農地法省令41条）、「特定土地改良事業等[注]の区域内で工事完了の翌年度から起算して８年経過していないもの」（農地法政令６条２号、農地法省令42条））

注　「特定土地改良事業等」とは、農地法政令５条２号に規定する土地改良事業等をいいます。

⑵　許可できる場合（「不許可の例外」農地法４条６項ただし書）

⑴の①　**農用地区域**内の農地（農地法４条６項１号イ、農地法政令４条１項１号）

ｉ）土地収用法26条１項の告示のあった事業（道路等）の用に供する場合（農地法４条６項ただし書）

ⅱ）農振法に基づく農用地利用計画の指定用途（畜舎等農業用施設用地）に供する場合（農地法４条６項ただし書）

ⅲ）仮設工作物の設置その他の一時的な利用に供する場合で農業振興地域整備計画の達成に支障を及ぼすおそれがない場合（農地法政令４条１項１号イ、ロ）　等

(1)の② **第１種農地**（農地法４条６項１号ロ、農地法政令４条１項２号）

ⅰ）土地収用法26条１項の告示のあった事業の用に供する場合

ⅱ）仮設工作物の設置その他の一時的な利用に供する場合（農地法政令４条１項２号）

ⅲ）農業用施設、農畜産物販売施設等、その他地域の農業の振興に資する施設の利用に供する場合（農地法政令４条１項２号イ）

ⅳ）集落に接続して住宅等を建設する場合（農地法省令33条１項４号）

ⅴ）火薬庫等市街地に設置することが困難又は不適当な施設の用に供する場合（農地法政令４条１項２号ロ、農地法省令34条）

ⅵ）国、県道の沿道に流通業務施設、休憩所、給油所等を設置する場合（農地法省令35条４号）

ⅶ）土地収用法３条に該当する事業等公益性が高いと認められる事業の用に供する場合（農地法政令４条１項２号ホ、農地法省令37条）

ⅷ）地域の農業の振興に関する地方公共団体の計画（市町村農業振興地域整備計画又は同計画に沿って市町村が策定する計画）に即して行われる場合（農地法政令４条１項２号ヘ、農地法省令38条）　等

(1)の③ **甲種農地**（農地法政令６条）

ⅰ）特に良好な営農条件を備えている農地であることから、第１種農地で許可できる場合のうち「ⅴ）、ⅶ）」が除かれる（農地法省令34条、37条）など許可し得る場合が第１種農地より更に限定されます。

ⅱ）また、第１種農地で許可する場合の「ⅳ）」の「集落に接続して住宅等を建設する場合」の施設については、敷地面積がおおむね500㎡を超えないものに限られます（農地法省令33条４号）。

イ　原則として許可する農地

(1) **第３種農地**　市街地の区域内又は市街地化の傾向が著しい区域内の農地（農地法４条６項１号ロ(1)）

(2) **第２種農地**　(1)の区域に近接する区域その他市街地化が見込まれる区域内の農地（農地法４条６項１号ロ(2)）又は集団的に存在する農地その他の良好な営農条件を備えている農地でも第３種農地でもない農地（周辺の他の土地では事業の目的を達成することができない場合）（農地法４条６項２号）

ⅱ 一般基準

(1) 農地の全てを確実に事業に用に供すること（農地法４条６項３号）

①　事業者に資力・信用はあるか

②　農地を農地以外のものにする行為の妨げとなる権利を有する者の同意を得ているか

③　他法令の許可の見込みはあるか（農地法省令47条２号）　等

⑵　周辺の営農条件に悪影響を与えないこと（農地法４条６項４号）

①　土砂の流出又は崩壊その他の災害を発生させるおそれはないか

②　農業用用排水施設の有する機能に支障が生じないか　等

⑶　地域における農地の農業上の効率的かつ総合的な利用の確保に悪影響を与えないこと（農地法４条６項５号）

①　基盤法19条に規定する地域計画の「計画案公告」から「計画公告」までの間に、当該計画案に係る農地を転用することで、当該計画に基づく農地の効率的かつ総合的な利用に支障が生じないか（農地法省令47条の３第１号）

②　基盤法19条に規定する地域計画に係る農地を転用することで、当該計画の達成に支障が生じないか（農地法省令47条の３第２号）

③　農用地区域を定めるための「計画案公告」から「計画公告」の間に、当該「計画案公告」に係る市町村農業振興地域整備計画案に係る農地（農用地区域として定める区域内にあるものに限る）を転用することで、当該計画に基づく農地の農業上の効率的かつ総合的な利用の確保に支障が生じないか

⑷　一時転用の場合は、その後確実に農地に戻すこと（農地法４条６項６号）

⑸　一時転用のため権利を取得する場合は、所有権を取得しないこと（農地法５条２項６号）

⑹　農地を採草放牧地にするため権利を取得しようとする場合は、農地法３条２項の許可できない場合に該当しないこと（農地法５条２項８号）

4　農地法４条及び５条の許可を受けなくても農地転用ができる場合

1）　次に掲げるものは許可を要しないものとされています（農地法４条１項ただし書、５条１項ただし書）（※以下、根拠条文は農地法４条についてのみ記載します）。

⑴　国又は都道府県等が、道路・農業用用排水施設その他の地域振興上又は農業振興上の必要性が高いと認められる施設（農地法省令25条で定められています。学校・病院・社会福祉施設・庁舎・宿舎等は除かれているのでこれらについては許可権者と協議※が必要となります）の用に供する転用（農地法４条１項２号）

※　協議が調えば許可があったものとみなされます。

⑵　地方公共団体（都道府県を除く）が道路、河川等土地収用法の対象事業に係る施設（学校、病院、社会福祉施設、庁舎については許可が必要となります）に供するためのその区域内での転用（農地法省令29条６号）

⑶　土地収用法その他の法律によって収用し、又は使用した農地をその収用・使用目的に供する転用（農地法４条１項６号）

⑷　中間管理法に基づく農用地利用集積等促進計画の定めるところによって行われる転用（農地法４条１項３号）

⑸　特定農山村法に基づく所有権移転等促進計画の定める利用目的に供するための転用（農地法４条１項４号）

⑹　農山漁村活性化法に基づく所有権移転等促進計画に定める利用目的に供するための転用（農地法４条１項５号）

⑺　電気事業者が送電用電気工作物等に供するための転用（農地法省令29条13号）

⑻　認定電気通信事業者が有線電気通信のための線路、空中線系若しくは中継施設等に供するための転用（農地法省令29条16号）

⑼　地方公共団体、災害対策基本法に基づく指定公共機関若しくは指定地方公共機関が非常災害の応急対策又は復旧のために必要となる施設の敷地に供するための転用（農地法省令29条17号）

⑽　ガス事業法２条12項に規定するガス事業者が、ガス導管の変位の状況を測定する設備又はガス導管の防食措置の状況を検査する設備の敷地に供するための転用（農地法省令29条18号）

⑾　東日本高速道路株式会社、首都高速道路株式会社、中日本高速道路株式会社、西日本高速道路株式会社、阪神高速道路株式会社又は本州四国連絡高速道路株式会社、地方道路公社、独立行政法人水資源機構、独立行政法人鉄道建設・運輸施設整

備支援機構、全国新幹線鉄道整備法９条１項による許可を受けた者、成田国際空港株式会社（農地法省令29条７号～10号）等がその業務として道路、ダム、水路、鉄道施設、航空保安施設等の施設に供するための転用

⑿　土地改良法に基づく土地改良事業による転用（農地法省令29条４号）

⒀　土地区画整理法に基づく土地区画整理事業により公園等公共施設を建設するため又はその建設に伴い転用される宅地の代地に供するための転用（農地法省令29条５号）

⒁　耕作する者が自己の農地の保全、若しくは利用上必要な施設（例えば、耕作の事業に必要な道路、用排水路、土留工、防風林等）に供するための転用、又は２ａ未満の農業用施設用地への転用（権利の取得を伴う場合は農地法５条の許可が必要です）（農地法省令29条１号）

2）　市街化区域内の農地を転用する場合は、あらかじめ農業委員会に所定の事項の届出（Ｐ76）を行えば転用許可は要しないこととされています（農地法４条１項７号）。

5 「農作物栽培高度化施設」の設置は農地転用に該当しません

あらかじめ農業委員会に届け出た上で「農作物栽培高度化施設」※を設置する場合には、施設の内部を全面コンクリート張りにしたとしても農地転用許可を受ける必要はなく、農地法上、農地と同様に取り扱われます（農地法43条）。

※「農作物栽培高度化施設」とは、専ら農作物の栽培の用に供する施設で、周辺農地の日照に影響を及ぼすおそれがないこと等の基準（⇨下記）を満たすものです。

「農作物栽培高度化施設」の「基準」（農地法省令88条の３）

⑴　もっぱら農作物の栽培の用に供されるものであること。

⑵　周辺の農地の営農条件に支障を生ずるおそれがないもの。

①　周辺の農地の日照に影響を及ぼすおそれがないものとして、農林水産大臣が定める施設の高さの基準(※)に適合するもの。

※ⅰ）棟高８m以内、かつ軒の高さが６m以内。ⅱ）階数が１階。ⅲ）屋根・壁面を透過性のないもので覆う場合は、春分の日及び秋分の日の午前８時から午後４時までの間において、周辺の農地におおむね２時間以上日影を生じさせないこと。

なお、ⅰ）の「高さ８m以内」とは施設の設置される敷地の地盤面（施設の設置に当たりおおむね30cm 以下の基礎を施工する場合は、当該基礎の上部をいう）から施設の棟までの高さが８m以内であること。「軒の高さが６m以内」とは、施設の設置される敷地の地盤面から当該施設の軒までの高さが６m以内であること。

②　施設から生ずる排水の放流先の機能に支障を及ぼさないために、当該放流先の管理者の同意があったこと、その他周辺の農地の営農条件に著しい支障が生じないように必要な措置が講じられていること。

⑶　施設の設置に必要な行政庁の許認可等を受けている、または受ける見込みがあること。

⑷　施設が「農作物栽培高度化施設」であることを明らかにするための標識の設置など、適当な措置が講じられていること。

⑸　施設を設置した土地が、所有権以外の権原に基づいている場合は、当該施設の設置について、その土地の所有権を有する者の同意があったこと。

6　許可指令書（事務処理要領第４・１⑸）

○○県指令　第 1 号

申請人　○○県○○郡○○町○○111番地
家野建夫

令和 6 年 4 月 1 日付けで申請のあった農地法第５条第１項の規定による申請は、別記により許可します。

令和 6 年 5 月 10 日

○○県知事　　何　某

別　記

１　所有権移転を許可する土地

土地の所在	地　番	地　目		面　積（㎡）
		台 帳	現 況	
○○郡○○町大字○○字××	333番	畑	畑	330
以下余白				

２　用　途

自己住宅の建築

３　条　件

① 申請書に記載された事業計画に従って事業の用に供すること。

② 許可に係る工事が完了するまでの間、本件許可の日から３か月後及びその後１年ごとに工事の進捗状況を報告し、許可に係る工事が完了したときは、遅滞なく、その旨を報告すること。

〔一時的な利用の場合〕

③ 申請書に記載された工事の完了日までに農地に復元すること。

「注意事項」

申請書に記載された事業計画（用途、施設の配置、着工及び完工の時期、被害防除措置等を含む。）に従ってその事業の用に供しないときは、農地法第51条の規定によりその許可を取り消し、条件を変更し、若しくは新たに条件を附し、又は工事その他の行為の停止を命じ、若しくは原状回復の措置等を取るべきことを命ずることがあります。

〔教示〕
① 申請を却下
② 申請の全部若しくは一部について不許可
③ 附款（条件、期限、負担など法律効果に一定の制限を加える事項）を付して許可をする場合に指令書の末尾に記載する。

〔教示〕……4ヘクタール以下の場合

1　この処分に不服があるときは、行政不服審査法（平成26年法律第68号）第4条の規定により、この処分のあったことを知った日の翌日から起算して3か月以内に、都道府県知事に審査請求書（同法第19条第2項各号に掲げる事項（審査請求人が、法人その他の社団若しくは財団である場合、総代を互選した場合又は代理人によって審査請求をする場合には、同法同条第4項に掲げる事項を含みます。）を記載しなければなりません。）を提出して審査請求をすることができます。

ただし、当該処分に対する不服の理由が鉱業、採石業又は砂利採取業との調整に関するものであるときは、農地法（昭和27年法律第229号）第53条第2項の規定により、この処分があったことを知った日の翌日から起算して3か月以内に、公害等調整委員会に裁定申請書（鉱業等に係る土地利用の調整手続等に関する法律（昭和25年法律第292号）第25条の2第2項各号に掲げる事項を記載しなければなりません。）を提出して裁定の申請をすることができます。

なお、この場合、併せて処分庁及び関係都道府県知事の数に等しい部数の当該裁定申請書の副本を提出してください。

2　この処分については、上記1の審査請求のほか、この処分があったことを知った日の翌日から起算して6か月以内に、都道府県を被告として（訴訟において都道府県を代表する者は都道府県知事となります。）、処分の取消しの訴えを提起することができます。

なお、上記1の審査請求をした場合には、処分の取消しの訴えは、その審査請求に対する裁決があったことを知った日の翌日から起算して6か月以内に提起することができます。

3　ただし、上記の期間が経過する前に、この処分（審査請求をした場合には、その審査請求に対する裁決）があった日の翌日から起算して1年を経過した場合は、審査請求をすることや処分の取消しの訴えを提起することができなくなります。

なお、正当な理由があるときは、上記の期間やこの処分（審査請求をした場合には、その審査請求に対する裁決）があった日の翌日から起算して1年を経過した後であっても審査請求をすることや処分の取消しの訴えを提起することが認められる場合があります。

（留意事項）指定市町村にあっては、下線の部分は、「都道府県」は「市町村」、「都道府県知事」は「市町村長」と記載すること。

7　市街化区域内の農地転用届出の手順

（農地法４条１項８号、５条１項７号）

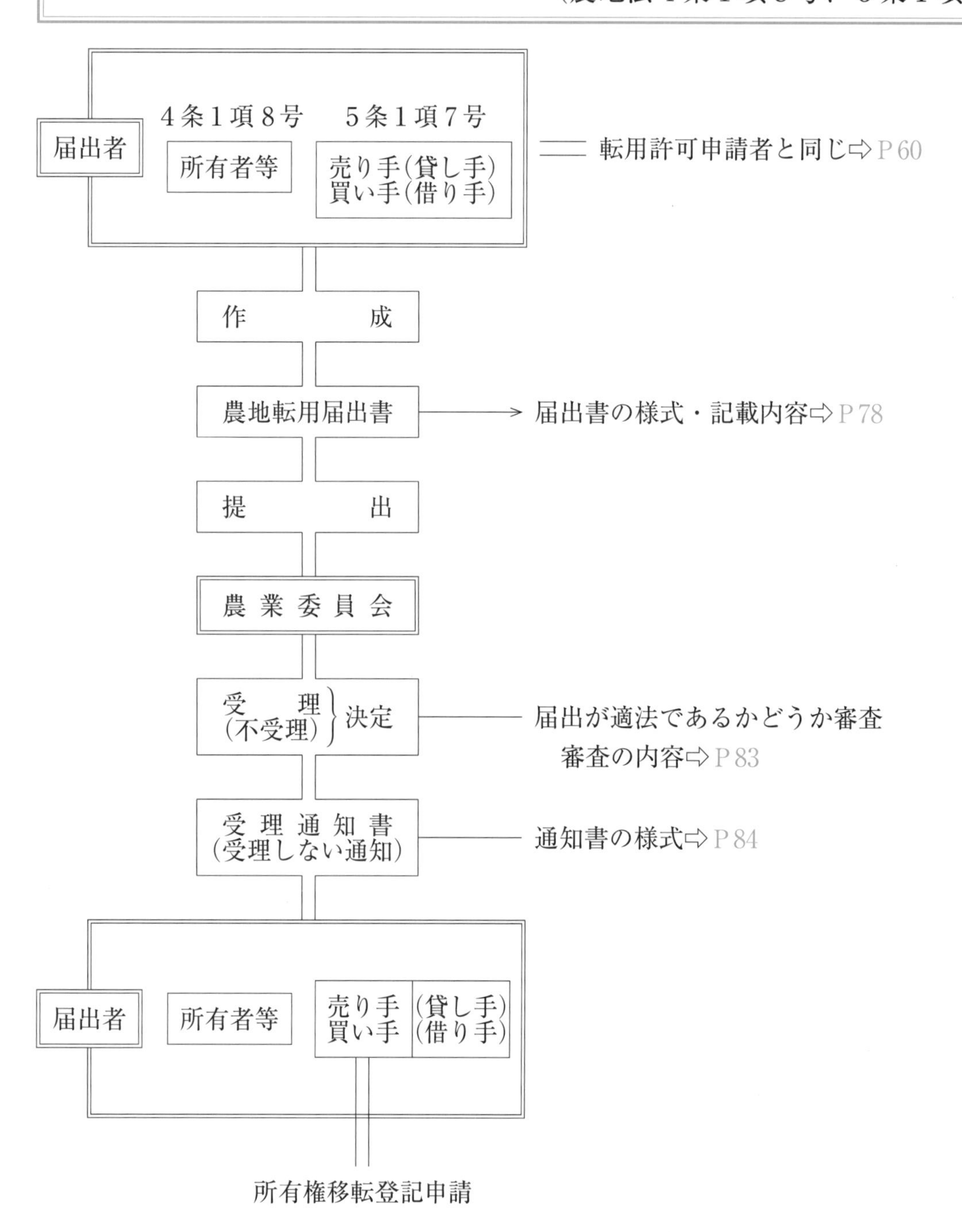

8　農地法4条及び5条届出様式

i　農地法5条1項6号の規定による農地転用届出書

【事務処理要領　様式例第4号の9】

農地法第5条第1項第6号の規定による農地転用届出書

令和　6　年　4　月　1　日

農業委員会会長　殿

譲渡人が2人以上である場合等には、P62に準じます。

譲受人　氏名　住宅作造[注1]

譲渡人　氏名[注2]　土地有二

下記のとおり転用のため農地 ~~(採草放牧地)~~ の権利を ~~設定~~ ~~(移転)~~ したいので、農地法第5条第1項第6号の規定により届け出ます。

記

1当事者の住所等[注1・注2]	当事者の別	氏名	住所
	譲受人	住宅作造	○○県○○市○○町2丁目3番7号
	譲渡人	土地有二	○○県○○市○○町2丁目5番3号

2土地の所在等[注2]	土地の所在	地番	地目		面積	土地所有者		耕作者	
			登記簿	現況		氏名	住所	氏名	住所
	○○市○○町○○	235番	畑	畑	330㎡	土地有二	○○市○○町○○2丁目5番3号	左に同じ	
	計	330㎡（田　㎡　畑　330　㎡　採草放牧地　㎡）							

3権利を設定又は移転しようとする契約の内容	権利の種類	権利の設定、移転の別	権利の設定、移転の時期	権利の存続期間	その他
	所有権	移転	令和6年4月20日	永久	

4転用計画			
	転用の目的	住宅用地	開発許可を要しない転用行為にあっては都市計画法第29条の該当号
	転用の時期	工事着工時期	令和6年5月6日
		工事完了時期	令和6年8月31日
	転用の目的に係る事業又は施設の概要[注3]	住宅1棟、建築面積130㎡、上水道より取水し、公共下水に排水	

5転用することによって生ずる付近の農地、作物等の被害の防除施設の概要	特になし

（別紙１）　届出書の１の欄　当事者の住所等

当事者の別	氏　　名	住　　所
譲受人		
譲渡人		

（別紙２）　届出書の２の欄　届け出ようとする土地の所在等

譲渡人の氏名	所　在	地　番	地目		面　積	土地所有者		耕作者	
			登記簿	現　況		氏　名	住　所	氏　名	住　所
					㎡				
計　　筆　　㎡（田　　㎡、畑　　㎡、採草放牧地　　㎡）									

（記載要領）　本表は、（別紙１）の譲渡人の順に名寄せして記載してください。

注１　法人である場合には、「氏名」欄にその名称及び代表者の氏名を、「住所」欄にその主たる事務所の所在地をそれぞれ記載します。

注２　譲渡人が２人以上である場合には、届出書の差出人は「譲受人何某」、及び「譲渡人何某外何名」とし、届出書の１及び２の欄には「別紙記載のとおり」と記載して申請できます。この場合の別紙の様式は、本頁の上にある別紙１及び別紙２のとおりです。

注３　事業又は施設の種類、数量及び面積、その事業又は施設に係る取水又は排水施設等について具体的に記入します。

ii 農地法４条１項７号の規定による農地転用届出書

【事務処理要領　様式例第４号の８】

農地法第４条第１項第７号の規定による農地転用届出書

令和　6　年　4　月　1　日

農業委員会会長　殿

届出者　家尾建男 注1

下記のとおり農地を転用したいので、農地法第４条第１項第７号の規定により届け出ます。

記

<table>
<tr><td rowspan="2">1 届出者の住所等 注1</td><td colspan="9">住　　所</td></tr>
<tr><td colspan="9">○○県○○市○○町2丁目3番8号</td></tr>
<tr><td rowspan="6">2 土地の所在等</td><td rowspan="2">土地の所在</td><td rowspan="2">地番</td><td colspan="2">地　目</td><td rowspan="2">面積</td><td colspan="2">土地所有者</td><td colspan="2">耕 作 者</td></tr>
<tr><td>登記簿</td><td>現 況</td><td>氏 名</td><td>住 所</td><td>氏 名</td><td>住 所</td></tr>
<tr><td>○○市○○町○○</td><td>235番</td><td>畑</td><td>畑</td><td>330㎡</td><td>家尾建男</td><td>○○市○○町○○2丁目5番3号</td><td colspan="2">左に同じ</td></tr>
<tr><td></td><td></td><td></td><td></td><td></td><td></td><td></td><td></td><td></td></tr>
<tr><td></td><td></td><td></td><td></td><td></td><td></td><td></td><td></td><td></td></tr>
<tr><td colspan="9">計　330　㎡（田　　㎡　畑　330　㎡）</td></tr>
<tr><td rowspan="4">3 転用計画</td><td colspan="2">転用の目的</td><td colspan="7">住宅用地</td></tr>
<tr><td colspan="2" rowspan="2">転用の時期</td><td colspan="2">工事着工時期</td><td colspan="5">令和6年5月6日</td></tr>
<tr><td colspan="2">工事完了時期</td><td colspan="5">令和6年8月31日</td></tr>
<tr><td colspan="4">転用の目的に係る事業又は施設の概要 注2</td><td colspan="5">住宅1棟、建築面積130㎡
上水道より取水、公共下水に排水</td></tr>
<tr><td>4 転用することによって生ずる付近の農地、作物等の被害の防除施設の概要</td><td colspan="9">特になし</td></tr>
</table>

注１　届出者が法人である場合には、「氏名」欄にその名称及び代表者の氏名を、「住所」欄にその主たる事務所の所在地をそれぞれ記載します。

注２　事業又は施設の種類、数量及び面積、その事業又は施設に係る取水又は排水施設等について具体的に記入します。

iii 農地法５条１項６号による届出書に添付する書類

（農地法省令第50条、第26条、事務処理要領第４・５⑵イ）

① 土地の位置を示す地図（縮尺は10,000分の１ないし50,000分の１程度）

② 土地の登記事項証明書（全部事項証明書に限る）

③ 届出に係る農地等が賃貸借の目的となっている場合には、農地法18条１項の規定の許可があったことを証する書面

iv 農地法４条１項７号による届出書に添付する書類

（農地法省令第26条、事務処理要領第４・５⑴イ）

① ⅲの①～③に同じ。ただし、③の「農地等」は「農地」と読み替えます。

9　届出の審査の内容（事務処理要領第４・５(5)）

農業委員会は届出書の提出があったときは

① 届出の土地が市街化区域内にあるかどうか

② 届出の農地等が賃貸借の目的となっていないかどうか

③ 届出書の法定記載事項が記載されているかどうか

④ 添付書類が具備されているかどうか

を速やかに調査し、届出が適法であるかどうかを審査して、受理又は不受理を決定します。

10　受理通知書（事務処理要領　様式例第４号の10）

受理通知書

住宅作造[注1]　　殿

○○農委第１号
令和６年４月５日
○○農業委員会
会長　何　某

令和６年４月１日付けをもって届出書の提出があった農地法第４条第１項第７号（第５条第１項第６号）の規定による届出についてはこれを受理し、令和６[注2]年４月１日にその効力が生じたので、農地法施行令第３条第２項（第10条第２項）の規定により通知します。

<table>
<tr><td rowspan="3">１届出者の氏名等[注1]</td><td colspan="2">氏　　名</td><td colspan="4">住　　所</td></tr>
<tr><td>譲受人</td><td>住宅作造</td><td colspan="4">○○県○○市○○町2丁目3番7号</td></tr>
<tr><td>譲渡人</td><td>土地有二</td><td colspan="4">○○県○○市○○町2丁目5番3号</td></tr>
<tr><td rowspan="7">２土地の所在等</td><td colspan="2" rowspan="2">土地の所在</td><td rowspan="2">地　番</td><td colspan="2">地　目</td><td rowspan="2">面　積</td></tr>
<tr><td>登記簿</td><td>現　況</td></tr>
<tr><td colspan="2">○○市○○町○○</td><td>235番</td><td>畑</td><td>畑</td><td>330 ㎡</td></tr>
<tr><td colspan="2">以　下</td><td>余　白</td><td></td><td></td><td></td></tr>
<tr><td colspan="2"></td><td></td><td></td><td></td><td></td></tr>
<tr><td colspan="2">権利の種類及び設定又は移転の別</td><td colspan="4">所有権の移転</td></tr>
<tr><td colspan="6"></td></tr>
<tr><td>３届出書が到達した日[注2]</td><td colspan="6">令和６年４月１日</td></tr>
<tr><td>４届出に係る転用の目的</td><td colspan="6">住宅用地</td></tr>
</table>

注１　届出者が法人である場合には、「氏名」欄にその名称及び代表者の氏名を、「住所」欄にその主たる事務所の所在地を、それぞれ記載します。

注２　届出の効力発生日は、届出書が到達した日であるので、その日付けを記入します。

V

農地等の賃貸借の解約等

1　農地等の賃貸借の解約等

―賃貸している農地の返還を受ける場合―

原則：農地法18条の許可を受けることが必要

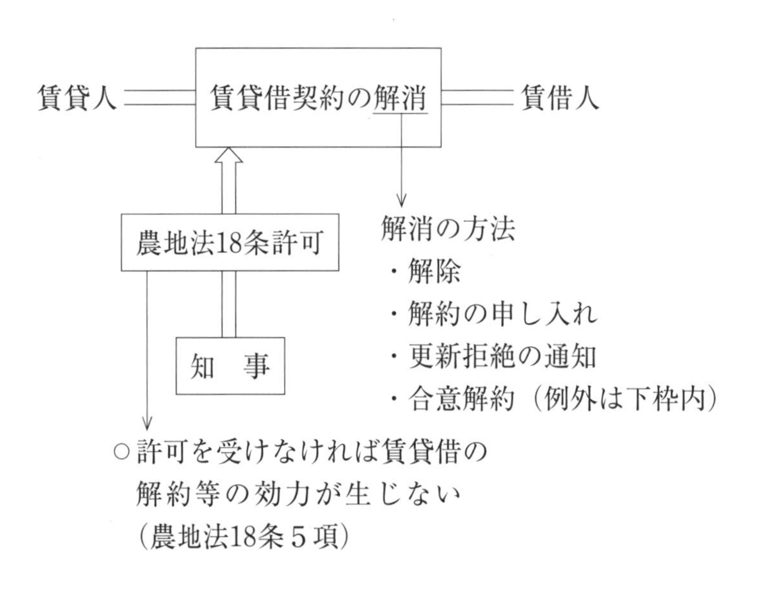

例外：合意解約（許可不要の場合）等（許可を受けなくてよい場合⇨P97）

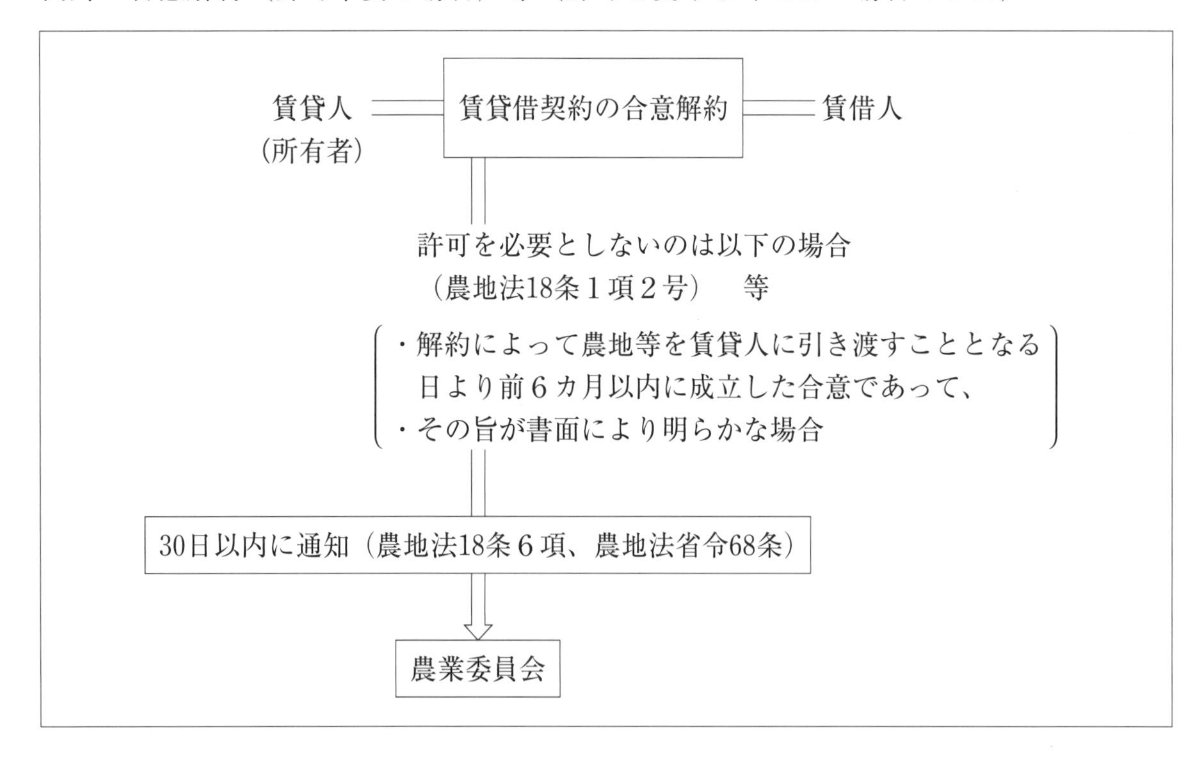

2　農地法18条の許可を受ける手順

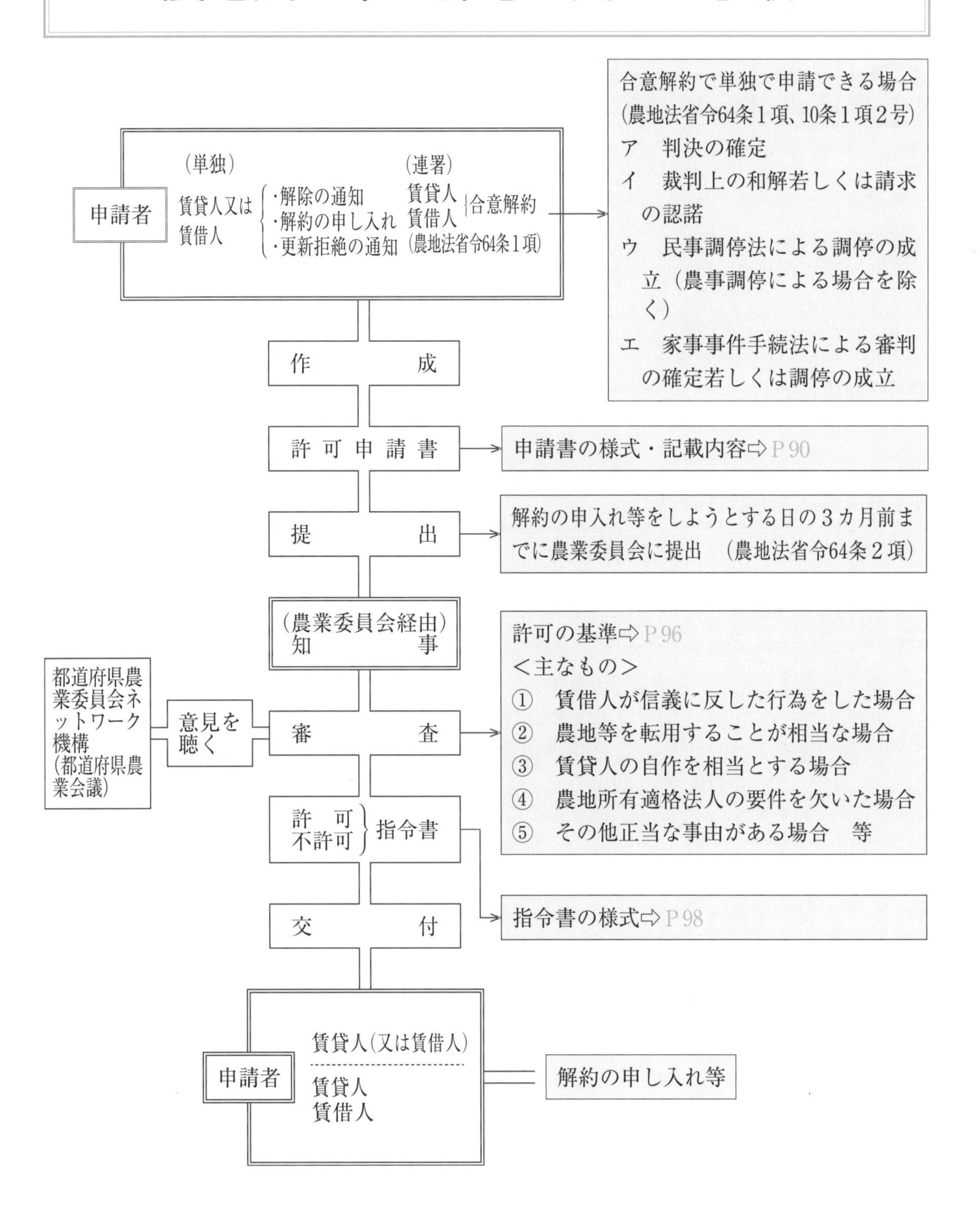

3　農地法18条１項の規定による許可申請書

（事務処理要領　様式例第９号の３）

i 農地法18条１項の規定による許可申請書

令和　6　年　1　月　7　日

都道府県知事　殿
（指定都市の長）

申請者　住所[注1]　○○県○○郡○○町○○123番地
　　　　氏名[注2]　平　田　　豊

下記土地について賃貸借の解約の申入れ[注3]をしたいので、農地法第18条第１項の規定により許可を申請します。

記

1　賃貸借の当事者の氏名等[注2]

当　事　者	氏　　名	住　　所	備　　考[注3]
賃　貸　人	平　田　　豊	○○県○○郡○○町○○ 123 番地	
賃　借　人	山　田　　守	○○県○○郡○○町△△ 321 番地	

2　許可を受けようとする土地の所在等

所在・地番	地　目		面　積（㎡）	利用状況	耕作（利用）年数
	登記簿	現況			
○○郡○○町 ○○字○○ 100番	田	田	580㎡	水田	65年
〃 101番	田	田	420㎡	水田	65年

3　賃貸借契約の内容[注4]　別紙賃貸借契約書写しのとおり

4　賃貸借の解約の申入れ[注5]をしようとする事由の詳細　分家住宅を建てるため

5　賃貸借の解約の申入れをしようとする日　令和　6　年　5　月　1　日

6　土地の引渡しを受けようとする[注6]時期　令和　7　年　5　月　2　日

注１　合意解約の場合は、当事者双方が申請者のところに連署します。

注２　法人である場合は、住所は主たる事務所の所在地を、氏名は法人の名称及び代表者の氏名をそれぞれ記載し、記の１の「賃貸借の当事者の氏名等」の備考欄に主たる業務の内容を記載します。

注３　「解除」等該当する用語を記入します。

注４　「別紙賃貸借契約書写しのとおり」と記載し、賃貸借契約書の写しを添付しますが、賃貸借契約書のない場合には賃貸借契約の時期、契約の期間、年額の借賃（借賃として定額の金銭以外のものを定めている場合にはそのものを金銭に換算した額を併記します。）、土地改良費、修繕費、その他の負担区分等の契約の内容につき詳細に記載します。

注５　「解除」等該当する用語を記入します。

注６　期限の定めのない賃貸借では、「解約の申入れ」は、収穫季節のある土地の賃貸借契約についてはいつでもできるものではなく、作物などの収穫後の次の作付けに着手するまでの間にしなければなりません（民法第617条第２項）。農地法第18条の許可を得て、解約の申入れをすると賃貸借契約は１年後に終了します（民法第617条第１項）。

7　賃借人の生計（経営）の状況および賃貸人の経営能力

(1)　土地の状況

	農地の面積									採草放牧地の面積			備考
	自作地			借入地			貸付地			貸付地以外の所有地	借入地	貸付地	
	田	畑	計	田	畑	計	田	畑	計				
賃貸人	a 280	a	a 280	a	a	a	a 10	a	a 10				山林 a 宅地 1,323㎡
賃借人	a 230	a 30	a 260	a 10	a	a 10	a	a	a				山林 a 宅地 661㎡

(2)　土地以外の資産状況

項目		賃貸人			賃借人		
注1 所有大農機具の種類とその数量	種類	トラクター	コンバイン	田植機	トラクター	コンバイン	田植機
	数量	20PS 1台	2条刈 1台	2条植 1台	30PS 1台	4条刈 1台	2条植 1台
飼養家畜の種類とその頭羽数	種類						
	頭羽数						
その他							
注2 固定資産税額		208,600 円			117,000 円		
市町村民税の所得決定額		1,410,000 円			1,540,000 円		

(3)　世帯員等（構成員）状況

	世帯員等（構成員）（15歳以上のもの）氏名	性別	年令	世帯員等（構成員）就業等の状況（○印を付す）					備考
				農業従事者	農業以外の業務を兼ねるもの	農業外の職業従事者	農地法第2条第2項該当者	常時出稼者	
賃貸人	平田　豊	男	72	○					年雇（常雇） 男　人、女　人 臨時雇年延 男　人、女　人 15歳未満の世帯員等（構成員） 男　人、女　人
	〃　智子	女	70	○					
	〃　実	男	48		○				
	〃　貴子	女	45	○					
	〃　宏	男	23	○					
賃借人	山田　守	男	63	○					年雇（常雇） 男　人、女　人 臨時雇年延 男　人、女　人 15歳未満の世帯員等（構成員） 男　人、女　人
	〃　早苗	女	63	○					
	〃　浩	男	40			○			
	〃　稲穂	女	38			○			
	〃　正	男	18				○		

注１　現に使用しているものについて記載し、その性能等をできる限り詳細に記載します。

注２　法人にあっては固定資産税額、市町村民税の所得決定額は、法人に課される額を記載し、その他として法人税、事業税について記載します。

8　賃貸借の解約に伴い支払う給付の種類等

土地の別		離作料支給土地の面積	毛上補償		離作補償		代地補償		備　　考
			10アール当り	総　量	10アール当り	総　量	地目	面積	
農　地	田	1,000㎡			240千円	240千円			
	畑								
採草放牧地									

注
9　信託事業に係る信託財産

ii 農地法18条１項の許可申請書に添付する書類（農地法省令64条３項）

①　申請に係る土地の登記事項証明書（全部事項証明書に限る）

②　判決の確定、裁判上の和解若しくは請求の認諾、調停の成立等による合意解約のため単独申請する場合は、それを証する書類

③　その他参考となるべき書類

注　信託事業に係る信託財産について行われる場合には、信託による貸付終了年月日を、また、その賃貸借がその信託財産に係る信託の引き受け前から既に終了していた場合には、その賃貸借の開始年月日、信託契約を行なった年月日及び信託契約終了年月日をこの欄に記載します。

4　農地法18条の許可の基準（事務処理基準第９・２）

農地法18条２項

１号　賃借人に信義に反した行為があった場合

賃借人が、催告を受けたにもかかわらず借賃を支払わないとか、賃貸人に無断で他に転貸したり農地以外に転用した場合、特別の事由もなしに不耕作としている場合等で、所有者に従来どおりの賃貸借関係を継続させることが客観的にみて無理であると認められるような場合。

２号　農地等を転用することが相当な場合

農地等以外に転用する具体的な計画があって、それに確実性があり、また農地等の立地条件からして転用の許可が見込まれ、かつ賃借人の経営及び生計状況や離作条件等からみて転用実現のため賃貸借を終了させることが相当の場合。

３号　賃貸人の自作を相当とする場合

賃借人の生計、賃貸人の経営能力等を考慮し、賃貸人がその農地又は採草放牧地を耕作又は養畜の事業に供することを相当とする場合。

４号　賃借人が農地法36条の農地中間管理権の取得に関する協議の勧告を受けた場合

５号　農地所有適格法人の要件を欠いた法人から賃貸している農地の返還を受ける場合、農地所有者が農地所有適格法人の構成員でなくなる場合

賃借人である農地所有適格法人が要件を満たさなくなった場合、並びに賃貸人が農地所有適格法人の構成員でなくなり、その法人に賃貸している農地の返還を受けて、その賃貸人又は世帯員等が効率的な経営をする場合。

６号　その他正当な事由がある場合

１号～５号の場合以外であって、例えば、賃借人が離農する場合、農地を適正かつ効率的に利用していない場合等解約を認めることが相当の場合。

5　農地法18条の許可を受けなくても解約等ができる場合

（農地法第18条第１項ただし書各号）

1号　農業協同組合又は農地中間管理機構が農地信託に係る農地を貸し付けている場合において、信託期間の満了に際してその委託者に農地等を引き渡すため、信託期間満了前１年以内に賃貸借が終了することとなる貸付地の返還をする場合

2号ア　賃貸人と賃借人が話し合いにより合意解約を行う場合

　ただし、その解約によって農地等を賃貸人に引き渡すこととなる日前６カ月以内に成立した合意でその旨が書面により明らかな場合に限られます。

イ　民事調停法による農事調停によって合意解約が行われる場合

3号ア　10年以上の期間の定めがある賃貸借について更新拒絶の通知が行われる場合

イ　水田裏作を目的とする期間の定めがある賃貸借について更新拒絶の通知が行われる場合

4号　農地法３条３項の適用を受け同条１項の許可を受けて設定された解除条件付賃貸借が、当該農地を適正に利用していないため、あらかじめ農業委員会に届け出て解除される場合

5号　農地中間管理機構が、中間管理法２条３項１号の業務の実施により借り受け、又は同項２号に掲げる業務の実施により貸し付けた農地等に係る賃貸借の解除が、同法の規定により都道府県知事の承認を受けて行われる場合

※　なお、「存続期間の満了」は、農地等の賃貸借については農地法17条の法定更新[注]の規定との関係により一般的には賃貸借の終了事由とはなりませんが、例外的に次の場合は賃貸借の終了事由となります。→民法の原則に従って、存続期間が満了したときは、その時に自動的に終了します（農地法17条ただし書）。

ア　存続期間が１年未満の水田裏作を目的とする賃貸借

イ　農地法37条から40条までの規定によって設定された農地中間管理権に係る賃貸借

ウ　中間管理法に基づく農用地利用集積等促進計画によって設定又は移転された賃借権に係る賃貸借

注　農地等の賃貸借で期間の定めがあるものについては、賃貸借の法定更新の規定（農地法17条本文）によって、期間の満了時に返還を求めたい場合には、原則として期間満了前の一定期間内に相手方に対し更新拒絶の通知を行う必要があります。

⇩

この通知を行う場合にはあらかじめ農地法18条の賃貸借の解約等の許可を受ける必要があります。

6　許可指令書（事務処理要領　様式例第９号の５）

農地法18条１項の規定による許可申請に係る許可指令書

○○○指令第　1　号

令和　6　年　2　月 19 日

住所[注3]　○○県○○郡○○町123番地

氏名　平田　豊　　　殿

○○県知事　　何　某

令和　6　年　1　月　7　日付けをもって農地法第18条第１項の規定による許可申請のあった農地 ~~（採草放牧地）~~ の賃貸借の解約の申入れ[注1]については、下記により許可します。[注2]

記

1　当事者の氏名等[注3][注4]

賃貸人　住所　○○県○○郡○○町○○　123番地

　　　　氏名　平田　豊

賃借人　住所　○○県○○郡○○町△△　321番地

　　　　氏名　山田　守

2　許可する土地

所在・地番	地目		面積（㎡）	備考
	登記簿	現況		
○○郡○○町　100番	田	田	580	
○○字○○　　101番	〃	〃	420	

3　条件

申請書記載の離作補償を給付すること

注１　本文には「解除」等該当する用語を記載します。

注２　不許可又は却下をする場合には、様式本文中「下記により許可します。」とあるのを、「下記理由により許可しません。」又は「下記理由により却下します。」とし、下記にその理由を記載します。

注３　法人の場合は、住所は主たる事務所の所在地を、氏名は法人の名称及び代表者の氏名をそれぞれ記載します。

注４　都道府県知事が申請を却下し、申請の全部若しくは一部について不許可をし、又は条件を付して許可する場合は、指令書の末尾に次のように記載します。

「〔教示〕

1　この処分に不服があるときは、地方自治法（昭和22年法律第67号）第255条の２第１項の規定により、この処分があったことを知った日の翌日から起算して３か月以内に、審査請求書（行政不服審査法（平成26年法律第68号）第19条第２項各号に掲げる事項（審査請求人が、法人その他の社団若しくは財団である場合、総代を互選した場合又は代理人によって審査請求をする場合には、同条第４項に掲げる事項を含みます。）を記載しなければなりません。）正副２通を農林水産大臣に提出して審査請求をすることができます。

　なお、審査請求書は、都道府県知事を経由して農林水産大臣に提出することもできますし、また、直接農林水産大臣に提出することもできますが、直接農林水産大臣に提出する場合には、○○市○○町○○番地○○農政局長（沖縄県にあっては内閣府沖縄総合事務局長）に提出して下さい。

（留意事項）北海道にあっては、下線の部分は記載しないこと。

2　この処分については、上記１の審査請求のほか、この処分があったことを知った日の翌日から起算して６か月以内に、都道府県を被告として（訴訟において都道府県を代表する者は知事となります。）、処分の取消しの訴えを提起することができます。

　なお、上記１の審査請求をした場合には、処分の取消しの訴えは、その審査請求に対する裁決があったことを知った日の翌日から起算して６か月以内に提起することができます。

3　ただし、上記の期間が経過する前に、この処分（審査請求をした場合には、その審査請求に対する裁決）があった日の翌日から起算して１年を経過した場合は、審査請求をすることや処分の取消しの訴えを提起することができなくなります。

　なお、正当な理由があるときは、上記の期間やこの処分（審査請求をした場合には、その審査請求に対する裁決）があった日の翌日から起算して１年を経過した後であっても審査請求をすることや処分の取消しの訴えを提起することが認められる場合があります。」

（**指定都市の長**が申請を却下し、申請の全部若しくは一部について不許可をし、又は条件を付して許可する場合は、指令書の末尾に次のように記載する。）

「〔教示〕

1　この処分に不服があるときは、地方自治法（昭和22年法律第67号）第255条の２第１項の規定により、この処分があったことを知った日の翌日から起算して３か月以内に、審査請求書（行政不服審査法（平成26年法律第68号）第19条第２項各号に掲げる事項（審査請求人が、法人その他の社団若しくは財団である場合、総代を互選した場合又は代理人によって審査請求をする場合には、同条第４項に掲げる事項を含みます。）を記載しなければなりません。）正副２通を都道府県知事に提出して審査請求をすることができます。

2　この処分については、上記１の審査請求のほか、この処分があったことを知った日の翌日から起算して６か月以内に、指定都市を被告として（訴訟において指定都市を代表する者は市長となります。）、処分の取消しの訴えを提起することができます。

なお、上記１の審査請求をした場合には、処分の取消しの訴えは、その審査請求に対する裁決があったことを知った日の翌日から起算して６か月以内に提起することができます。

3　ただし、上記の期間が経過する前に、この処分（審査請求をした場合には、その審査請求に対する裁決）があった日の翌日から起算して１年を経過した場合は、審査請求をすることや処分の取消しの訴えを提起することができなくなります。

なお、正当な理由があるときは、上記の期間やこの処分（審査請求をした場合には、その審査請求に対する裁決）があった日の翌日から起算して１年を経過した後であっても審査請求をすることや処分の取消しの訴えを提起することが認められる場合があります。」

7　合意解約等許可不要の場合の通知

（事務処理要領　様式例第９号の６）

i 農地法18条６項の規定による通知書

令和 6 年 2 月 2 日

農業委員会会長　殿

通知者[注1]　（賃貸人）　住所　○○市○○町○丁目○○番○号

氏名　清水　洋幸

（賃借人）　住所　○○市○○町△丁目△△番△号

氏名　丸山　角造

下記土地について賃貸借の合意解約[注1]をしたので、農地法第18条第６項の規定により通知します。

記

1　賃貸借の当事者の氏名等[注2]

当事者	氏　名	住　所
賃　貸　人	清　水　洋　幸	○○市○○町○丁目○○番○号
賃　借　人	丸　山　角　造	○○市○○町△丁目△△番△号

2　土地の所在等

所在・番地	地目		面　積（㎡）	備　考
	登記簿	現況		
○○市○○町大字××字××678番	田	田	10,000	

3　賃貸借契約の内容[注3]　別紙賃貸借契約書の写しのとおり

4　農地法第18条第１項ただし書に該当する事由の詳細

5　賃貸借の解約の申入れ等をした日[注4]

賃貸借の解約の申入れをした日　令和　年　月　日

賃貸借の更新拒絶の通知をした日　令和　年　月　日

賃貸借の合意解約の合意が成立した日　令和 6 年 2 月 1 日

賃貸借の合意による解約をした日　令和 6 年 2 月 1 日

6　土地の引渡しの時期　令和 6 年 3 月 1 日

7　その他参考となるべき事項

注１　本文には解約の申入れ、更新拒絶の通知、合意解約等該当する用語を記載してください。
（合意解約の場合は「通知者氏名」のところに当事者双方が連署してください。）

注２　法人である場合は、住所は主たる事務所の所在地を、氏名は法人の名称及び代表者の氏名をそれぞれ記載してください。

注３　「別紙賃貸借契約書の写しのとおり」と記載し、賃貸借契約書の写しを添付してください。

注４　「賃貸借の解約の申入れ等をした日」については、該当事項にその年月日を記入しますが、合意解約の場合にあっては、その合意が成立した日及びその合意による解約をした日の双方に記載します。

ii 合意解約等の通知書に添付する書類（農地法省令68条３項）

① 通知に係る土地の登記事項証明書

② 賃貸借の解約の申入れ、合意解約又は賃貸借の更新をしない旨の通知が、農地法18条１項１号に該当して、同項の許可を要しないで行われた場合には、信託契約書の写し

③ 合意解約が行われた場合には、賃貸借の当事者間で農地法18条１項２号の規定による合意が成立したことを証する書面又は民事調停法による農事調停の調書の謄本

④ 賃貸借の更新をしない旨の通知が、農地法18条１項３号に該当して同項の許可を要しないで行われた場合には、当該賃貸借契約書の写し

⑤ その他参考となるべき書類

Ⅵ

遊休農地に関する措置

i　遊休農地に関する措置

1　事務の手順と措置の内容

○　農業委員会が毎年１回、農地の利用状況を調査し、遊休農地の所有者等に対する意向調査を実施。

○　意向どおり取り組みを行わない場合、農業委員会は、農地中間管理機構との協議を勧告し、最終的に都道府県知事の裁定により、同機構が農地中間管理権を取得できるよう措置。

○　所有者が分からない遊休農地（共有地の場合は過半の持分を有する者が確知することができない場合）については、公示手続きで対応（⇨下図）。

制度の概要

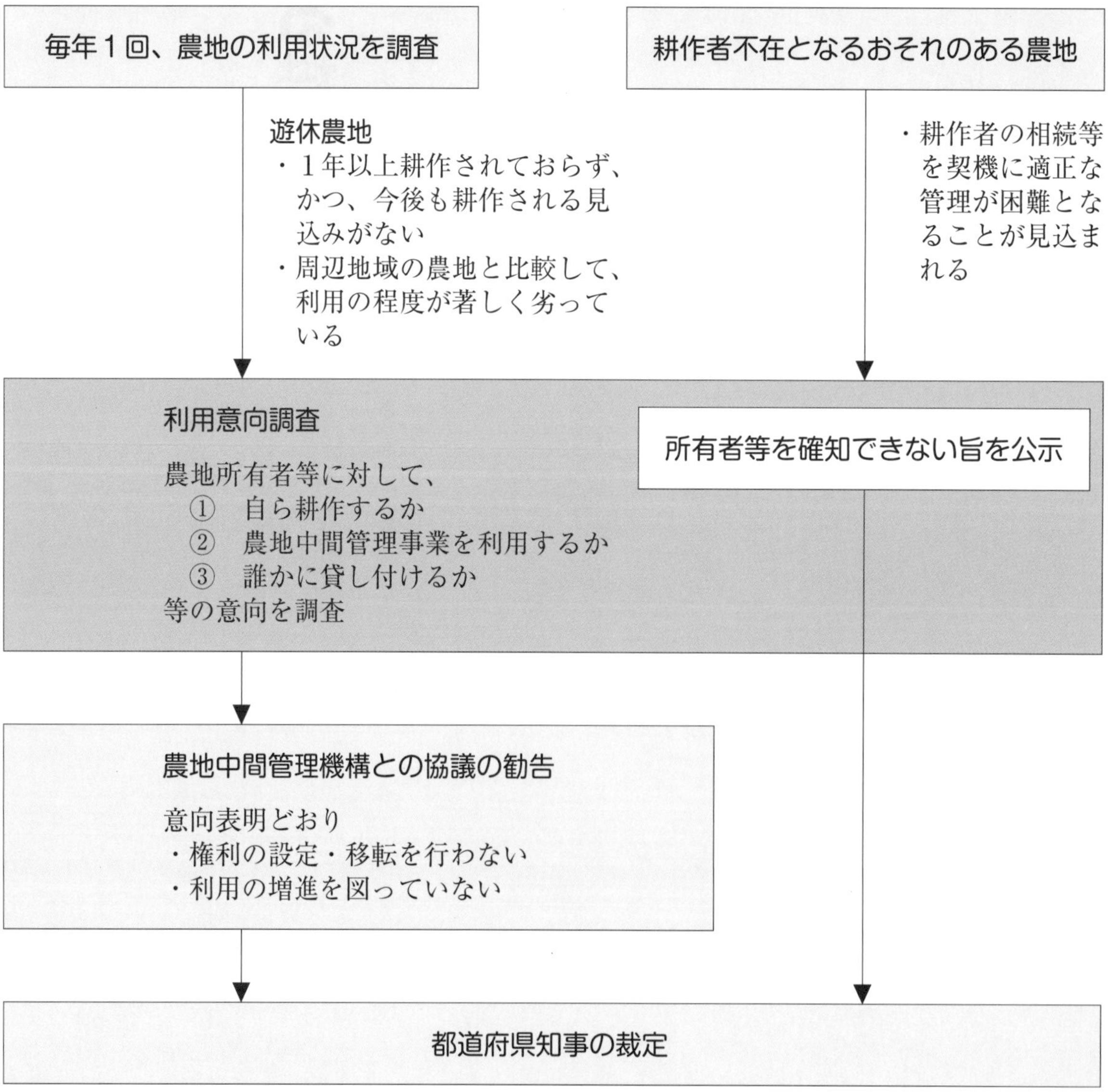

毎年１回、農地の利用状況を調査

↓ 遊休農地
・１年以上耕作されておらず、かつ、今後も耕作される見込みがない
・周辺地域の農地と比較して、利用の程度が著しく劣っている

耕作者不在となるおそれのある農地

↓ ・耕作者の相続等を契機に適正な管理が困難となることが見込まれる

利用意向調査

農地所有者等に対して、
　①　自ら耕作するか
　②　農地中間管理事業を利用するか
　③　誰かに貸し付けるか
等の意向を調査

所有者等を確知できない旨を公示

↓

農地中間管理機構との協議の勧告

意向表明どおり
・権利の設定・移転を行わない
・利用の増進を図っていない

↓

都道府県知事の裁定

2　遊休農地解消に向けた事務手続き

○　農業委員会と市町村が合同で行う調査により、遊休農地を確認し、「再生可能」と「再生困難」に仕分け。

○　「再生可能」な遊休農地は、農地中間管理機構への貸し付けを誘導。

○　農地として「再生困難」な土地は、農業委員会が速やかに「非農地判断」。

「再生可能」と「再生困難」の仕分け

・「利用状況調査（農業委員会）」で遊休農地を確認

農地台帳に掲載の全ての農地が調査対象（進入路の荒廃等により立入が困難な場合は調査不要）

・農業委員会による利用意向調査の実施

○　所有者に貸付けの意思がある場合は農地中間管理機構の活用等を促進

○　所有者が不明の農地については、その旨を公示し、都道府県の裁定により、農地中間管理機構への利用権設定

「再生可能」	「再生困難」
・２号遊休農地 荒廃農地には該当しないが、低利用の農地 ・１号遊休農地 再生利用を目指す荒廃農地	農地として再生を目指さない土地 （草刈りや農業機械による耕起で作付けできる土地は該当しない）

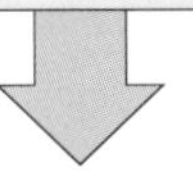

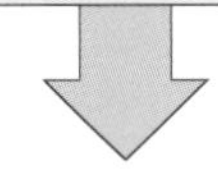

1．農業委員会が利用意向調査を実施し、機構への貸し付けを誘導 2．市街化区域以外の地域では、機構が借り受け （※借り受け希望者の募集に応じる者がいない区域は、この限りでない） ・参入企業の積極誘致等による借り受け希望者の発掘 3．所有者不明農地に対する利用権設定	1．農業委員会（総会の議決）による速やかな非農地判断 ・農地台帳の整理 ・所有者に対して非農地通知 ・法務局・市町村・都道府県に対して非農地通知一覧の送付 2．「農地以外の利用」の促進 里山、畜産、６次化施設、再エネ施設など地域農業の振興につながる利用を優先検討

ii 病害虫の発生等に対する措置

市町村長の措置（農地法42条）

［・現に耕作されておらず、かつ引き続き耕作に供しないと認められる農地
　・利用程度が周辺に比べて著しく劣っている農地

（農地法32条１項各号）

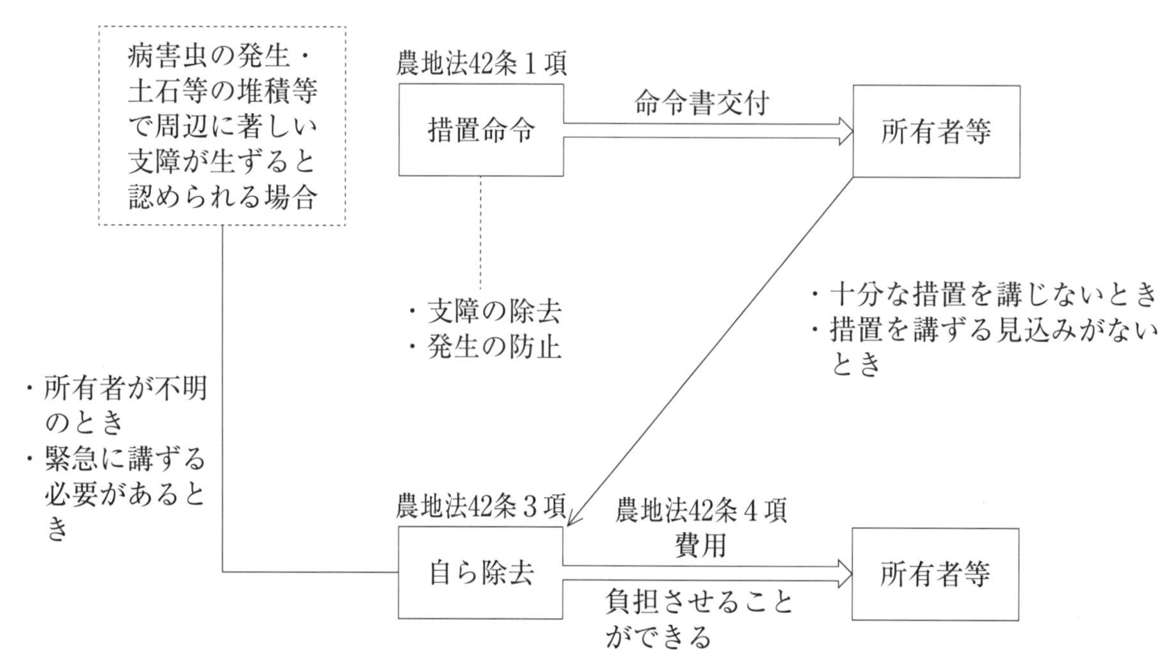

Ⅶ

農地台帳・地図の作成・公表

農地台帳・地図の作成・公表

農地法省令103条
求めに応じて提供

農業委員会 ⇨ 農地中間管理機構／土地改良区

↓ 農地法52条の２

農地台帳作成

・所掌事務を適確に行うため

⑴　１筆の農地ごとに次の事項を記録した農地台帳を作成する（農地法52条の２・１項、農地法省令101条）

①　農地の所有者の氏名又は名称及び住所

②　農地の所在、地番、地目、面積

③　農地に地上権、永小作権、質権、使用貸借による権利、賃借権又はその他の使用及び収益を目的とする権利が設定されている場合には、これらの権利の種類及び存続期間並びにこれらの権利を有する者の氏名又は名称及び住所並びに借賃等の額

④　耕作者の氏名又は名称及びその者の整理番号（農地法省令101条１号）

⑤　農地の所有者の国籍等（農地法省令101条２号）

⑥　農地の所有者が法人である場合には、主要株主等の氏名、住所及び国籍等（農地法省令101条３号）

⑦　設定されている賃借権等が農地法３条許可か、農用地利用集積等促進計画による権利設定か（農地法省令101条４号）等

⑧　遊休農地に関する措置の実施状況（農地法省令101条５号）

⑨　農業振興地域、農用地区域、都市計画区域、市街化区域、市街化調整区域、生産緑地地区、地域計画の区域の該当（農地法省令101条７号）

⑩　贈与税・相続税の納税猶予を受けているか（農地法省令101条８号）

⑪　農地中間管理権等が設定されているか（農地法省令101条９号）等

⑵　農地台帳はその全部を磁気ディスクをもって調製する（農地法52条の２・２項）

⑶　記録、修正若しくは消去は法律の規定による申請若しくは届出又は情報の収集により行うものとし正確な記録を確保するよう努めるものとする（農地法52条の２・３項）

↓

農地台帳及び地図の公表

・農地情報の活用の促進

⑴　農地台帳に記録した事項（個人の権利・利益を害するものその他の公表することが適当でないもの[注]を除く）をインターネットの利用その他の方法で公表する（農地法52条の３・１項）

⑵　農地に関する情報の活用の促進に資するよう、農地台帳のほか、農地に関する地図を作成し、これをインターネットの利用その他の方法で公表する（農地法52条の３・２項）

注

①　市街化区域内にある農地
　：全ての事項

②　①以外の農地
　：住所、借賃等の額、贈与税・相続税の納税猶予の適用の有無等

（農地法省令104条）

農業経営基盤強化促進法関係

1　基盤強化法の仕組み

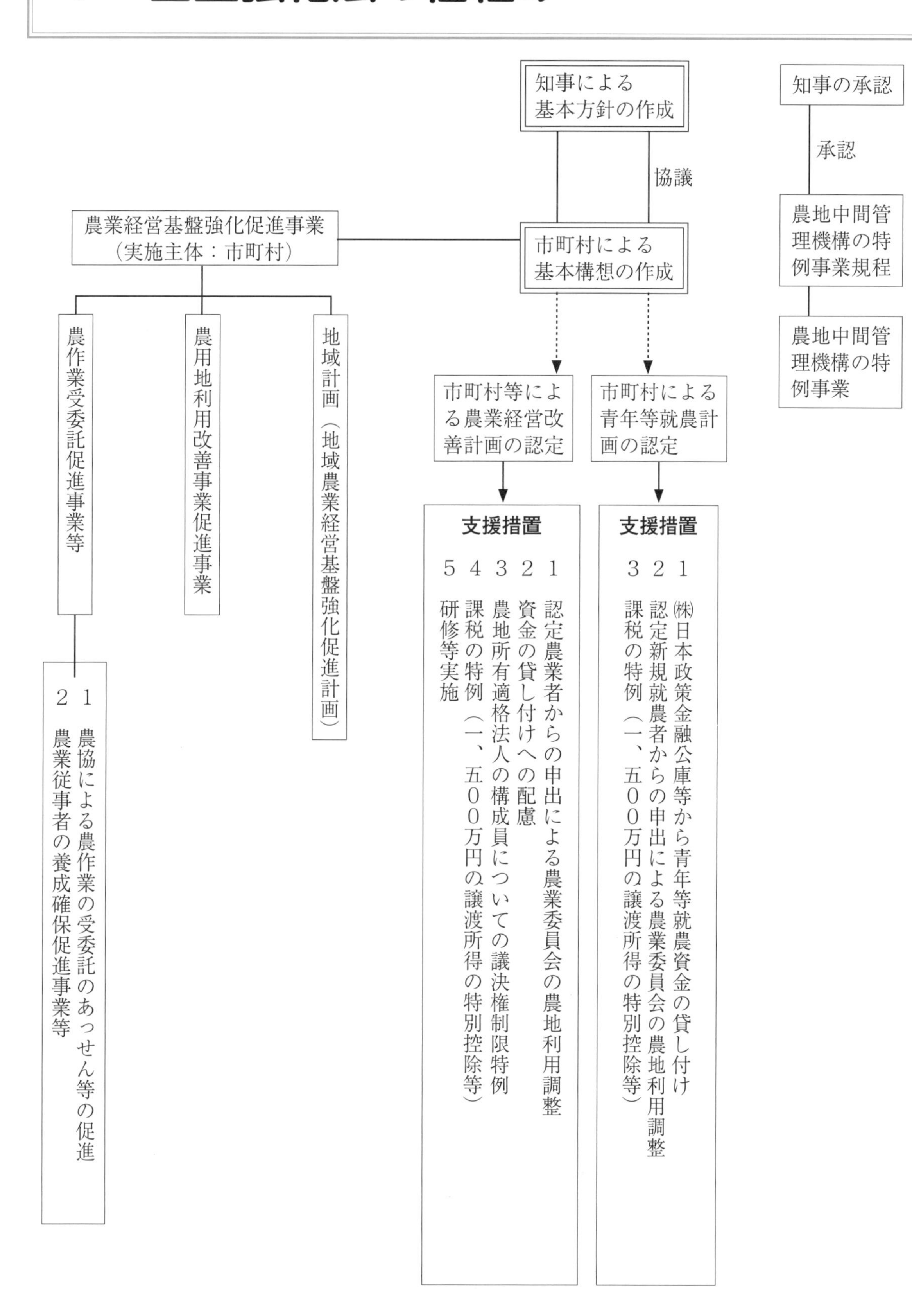

Ⅷ
農業経営基盤強化促進法関係

2　市町村が行う地域計画（地域農業経営基盤強化促進計画）策定の手順

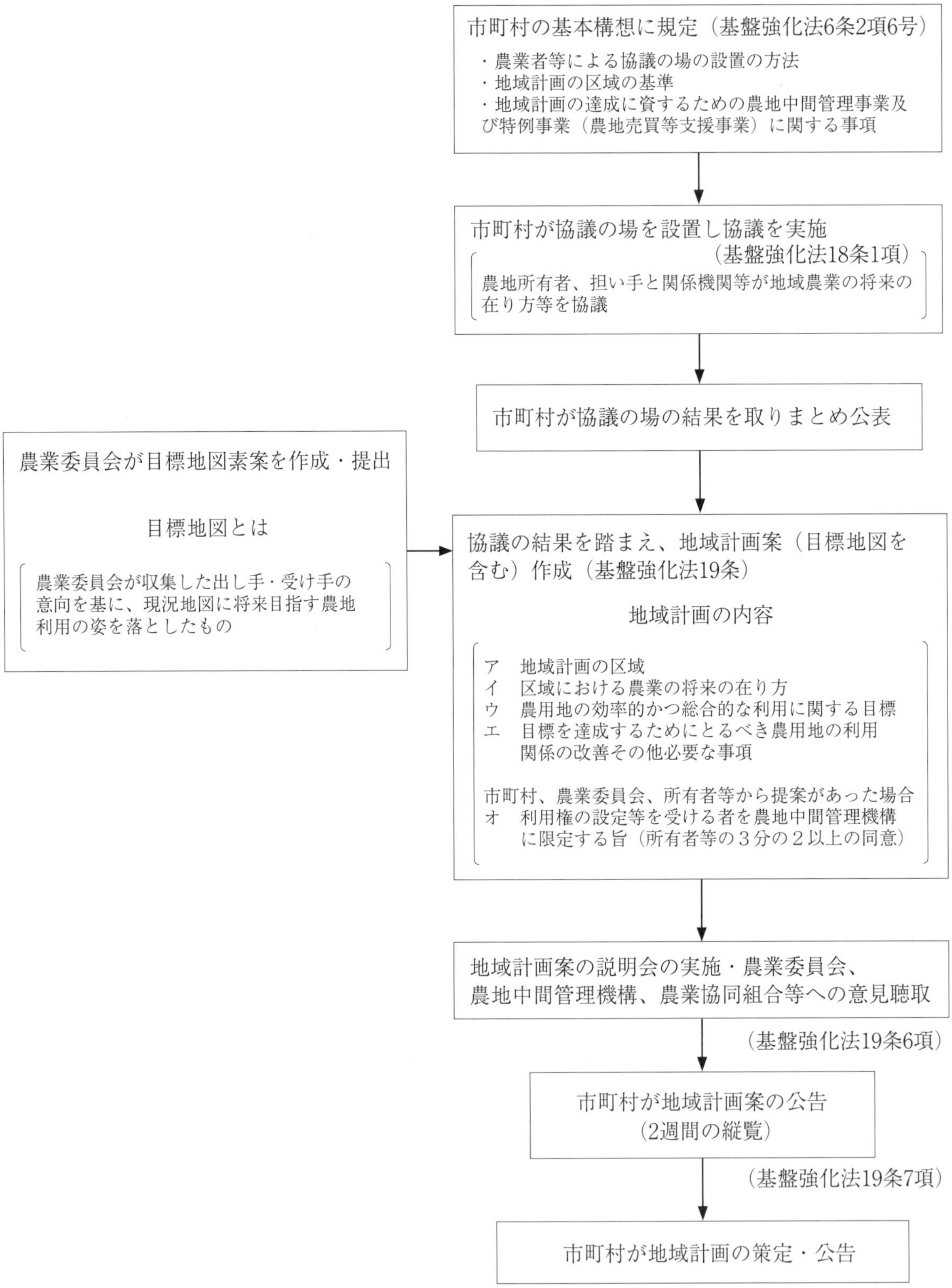

市町村の基本構想に規定（基盤強化法6条2項6号）
- 農業者等による協議の場の設置の方法
- 地域計画の区域の基準
- 地域計画の達成に資するための農地中間管理事業及び特例事業（農地売買等支援事業）に関する事項

↓

市町村が協議の場を設置し協議を実施
（基盤強化法18条1項）

（農地所有者、担い手と関係機関等が地域農業の将来の在り方等を協議）

↓

市町村が協議の場の結果を取りまとめ公表

↓

農業委員会が目標地図素案を作成・提出

目標地図とは

（農業委員会が収集した出し手・受け手の意向を基に、現況地図に将来目指す農地利用の姿を落としたもの）

→

協議の結果を踏まえ、地域計画案（目標地図を含む）作成（基盤強化法19条）

地域計画の内容

ア　地域計画の区域
イ　区域における農業の将来の在り方
ウ　農用地の効率的かつ総合的な利用に関する目標
エ　目標を達成するためにとるべき農用地の利用関係の改善その他必要な事項

市町村、農業委員会、所有者等から提案があった場合
オ　利用権の設定等を受ける者を農地中間管理機構に限定する旨（所有者等の３分の２以上の同意）

↓

地域計画案の説明会の実施・農業委員会、農地中間管理機構、農業協同組合等への意見聴取

（基盤強化法19条6項）

↓

市町村が地域計画案の公告
（2週間の縦覧）

（基盤強化法19条7項）

↓

市町村が地域計画の策定・公告

※市町村・農業委員会等は、地域計画の達成に向け利用権の設定等を促進する活動を実施

農地を売った場合の税金

農用地区域内の農地については、農地の集約・集約化を促すため、中間管理法に基づく農用地利用集積等促進計画等により譲渡した場合には800万円、基盤強化法に基づく買入協議により農地中間管理機構に譲渡した場合は1,500万円、基盤強化法に基づく地域農業経営基盤強化促進計画の特例により農地中間管理機構に譲渡した場合には、2,000万円の特別控除が認められます。

譲渡所得税の計算

譲渡所得金額 ＝ 譲渡による収入金額
－（取得費 ＋ 譲渡費用）
－ 特別控除額

税額 ＝ 譲渡所得金額 ×（15% ＋ 5%）
（所得税）（住民税）

＊ 短期譲渡所得（取得後５年以内の売却）の場合の税率は、所得税30%、住民税９% となる。

農地を売った場合の課税の特例（特別控除）

（農地利用目的の譲渡）

800万円

- 農地中間管理事業の推進に関する法律に基づく**農用地利用集積等促進計画、農業委員会のあっせん**等により農用地区域内の農地を譲渡した場合
- **農用地区域内の農地を農地中間管理機構に譲渡した場合**

1,500万円

- 農業経営基盤強化促進法に基づき市町村長が通知する**農地中間管理機構との買入協議**により、農用地区域内の農地を農地中間管理機構に譲渡した場合

2,000万円

- 農業経営基盤強化促進法に基づく**地域計画（地域農業経営基盤強化促進計画）の特例**により農用地区域内の農地を農地中間管理機構に譲渡した場合

①　地域計画の記載例

これまでの人・農地プランに青枠部分のみ追記するイメージです。

策定年月日	令和○年○月○日
更新年月日	令和○年○月○日 （第○回）
目標年度	令和○○年度
市町村名 （市町村コード）	○○市 （○○○○○）
地域名 （地域内農業集落名）	○○地区 （A集落、B集落、C集落・・・・・・・・・・・・・・・・・・）

1　地域における農業の将来の在り方

（1）　地域計画の区域の状況

地域内の農用地等面積（農業上の利用が行われる農用地等の区域）	○○ha
①　農業振興地域のうち農用地区域内の農地面積	○○ha
②　田の面積	○○ha
③　畑の面積（果樹、茶等を含む）	○○ha
④　区域内において、規模縮小などの意向のある農地面積の合計	○○ha
⑤　区域内において、今後農業を担う者が引き受ける意向のある農地面積の合計	○○ha
（参考）　区域内における○才以上の農業者の農地面積の合計（※年齢は地域の実情を踏まえて記載）	○○ha
うち後継者不在の農業者の農地面積の合計	○○ha
（備考）　遊休農地○○ha（うち1号遊休農地○○ha、2号遊休農地○○ha） ⑤は、○○市内で引き受ける意向のあるすべての農地面積の合計。	

（2）　地域農業の現状と課題（作物の生産や栽培方法については、必須記載事項）

・今後認定農業者等が引き受ける意向のある農地面積よりも、後継者不在の農業者の農地面積が、A集落では○ha、C集落では○haと多く、新たな農地の受け手の確保が必要。
・担い手が利用する農地面積の団地数は平均○個所、○aであり、集約化が必要。
・地域の活性化を図るため新たな作物の導入や有機農業への取組が課題。

（3）　地域における農業の将来の在り方

・○○を主要作物としつつ、地域の特産物である○○を段階的に有機農業に切り替え、団地化を形成する。併せて飼料作物（青刈りとうもろこし）の生産に取り組み、農業を担う者を含めて栽培方法を確立する。
・A集落は認定農業者a、b、cに、B集落はd法人に、C集落は集落営農法人eに集約化を進めつつ、地域外から希望する認定農業者や認定新規就農者を受入れ、さらに農業を担う者を募り、地域全体で利用する仕組みの整備を進める。
・B集落では、加工・業務用野菜の○○の生産に向けた水田の畑地化及び団地化を形成する。

2　農業の将来の在り方に向けた農用地の効率的かつ総合的な利用に関する目標

（1）農用地の効率的かつ総合的な利用に関する方針

農地バンクへの貸付けを進めつつ、担い手（認定農業者、○○法人、集落営農法人）への農地の集積・集約化を基本としつつ、担い手の農作業に支障がない範囲で農業を担う者により農地利用を進める。

（2）担い手（効率的かつ安定的な経営を営む者）に対する農用地の集積に関する目標

現状の集積率	○○%	将来の目標とする集積率	○○%

（3）農用地の集団化（集約化）に関する目標

担い手が利用する農地面積の団地数及び面積は、○個所、平均○a（令和○年度時点）
団地数の半減及び団地面積の拡大を進める。（令和○○年度）

※　担い手は、認定農業者、認定新規就農者、集落営農、基本構想水準到達者とする。

3 農業者及び区域内の関係者が2の目標を達成するためとるべき必要な措置(必須項目)

(1)農用地の集積、集団化の取組
担い手を中心とした農地の集積・集約化を進めるため団地面積の拡大を図りつつ、新規就農者向けの小規模圃場の団地化を図り、農地バンクを通じて集団化を進める。
(2)農地中間管理機構の活用方法
地域全体を農地バンクに貸し付け、担い手への経営意向を踏まえ、段階的に集約化する。その際所有者の貸付意向時期に配慮する。
(3)基盤整備事業への取組
A集落において、農地の大区画化・汎用化等の基盤整備を○○までに計画する。
(4)多様な経営体の確保・育成の取組
地域内外から、多様な経営体を募り、意向を踏まえながら担い手として育成していくため、市町村及びJAと連携し、相談から定着まで切れ目なく取り組んでいく。
(5)農業協同組合等の農業支援サービス事業者等への農作業委託の取組
作業の効率化が期待できる防除作業は、○○(株)への委託を進める。

以下任意記載事項(地域の実情に応じて、必要な事項を選択し、取組内容を記載してください。)

☑	①鳥獣被害防止対策	☑	②有機・減農薬・減肥料		③スマート農業	☑	④畑地化・輸出	⑤果樹等
	⑥燃料・資源作物等		⑦保全・管理等	☑	⑧農業用施設	☑	⑨耕畜連携等	⑩その他

【選択した上記の取組内容】

① 地域による鳥獣被害対策の集落点検マップ(侵入防止柵や檻の設置状況、放置果樹や目撃・被害発生場所等)づくりや、連絡網の整備や新たな捕獲人材を募集し、地域で育成していく。
② ○○地区において、管理協定を早急に締結し、地域の特産物である○○を段階的に有機農業に切り替えていく。
④ B集落の水田に連続して作付けされている○○(畑作物)は、畑地での栽培に切り替えていく。
⑧ 担い手の営農や農業を担う者の利用状況などを考慮し、出荷・調製施設など農業用施設の集約化を進める。
⑨ A集落で生産された飼料作物(青刈りとうもろこし)は、○株式会社(TMRセンター)で調整の上、○法人(酪農)などの畜産農家に供給し、家畜排せつ由来堆肥は、有機農に取り組む生産者などに供給する。(②⑧関連)

4 地域内の農業を担う者一覧(目標地図に位置付ける者)

属性	農業者	現状			10年後(目標年度:令和○年度)				
		経営作目等	経営面積	作業受託面積	経営作目等	経営面積	作業受託面積	目標地図上の表示	備考
認農	○○○○	水稲、麦	10ha	一 ha	水稲、麦、飼料作物(青刈りとうもろこし)	13ha	一 ha	A	E
認農	□□□□	水稲、果樹	5ha	一 ha	水稲、果樹	8ha	一 ha	B	A・D
到達	▲▲▲▲	野菜	5ha	一 ha	野菜	7ha	一 ha	C	D 畑地化
認農	(株)○○	水稲、野菜	30ha	一 ha	水稲、野菜	50ha	10ha	D	―
集	●●組合	水稲、大豆	40ha	10ha	水稲、大豆	40ha	20ha	E	―
利用者	☆☆☆☆	野菜	0. 5ha	一 ha	野菜	1ha	一 ha	F	D
サ	△△(株)	耕起、播種、収穫	−ha	−ha	耕起、播種、収穫	−ha	10ha	G	―
農協	◇◇JA	耕起、田植、収穫	−ha	−ha	耕起、田植、収穫	−ha	20ha	H	―
計			90. 5ha	10ha		119ha	60ha		

5 農業支援サービス事業者一覧(任意記載事項)

番号	事業体名(氏名・名称)	作業内容	対象品目
1	(株)○○	肥料・農薬散布	野菜、果樹
2	◇◇JA	田植え・播種	飼料作物
3	◇◇(株)	堆肥散布、播種、収穫	飼料作物(青刈りとうもろこし)

6目標地図(別添のとおり)

7基盤法第22条の3(地域計画に係る提案の特例)を活用する場合には、以下を記載してください。

農用地所有者等数(人)	50	うち計画同意者数(人・%)	45	(90%)

② 農業委員会による目標地図作成（変更）の手順

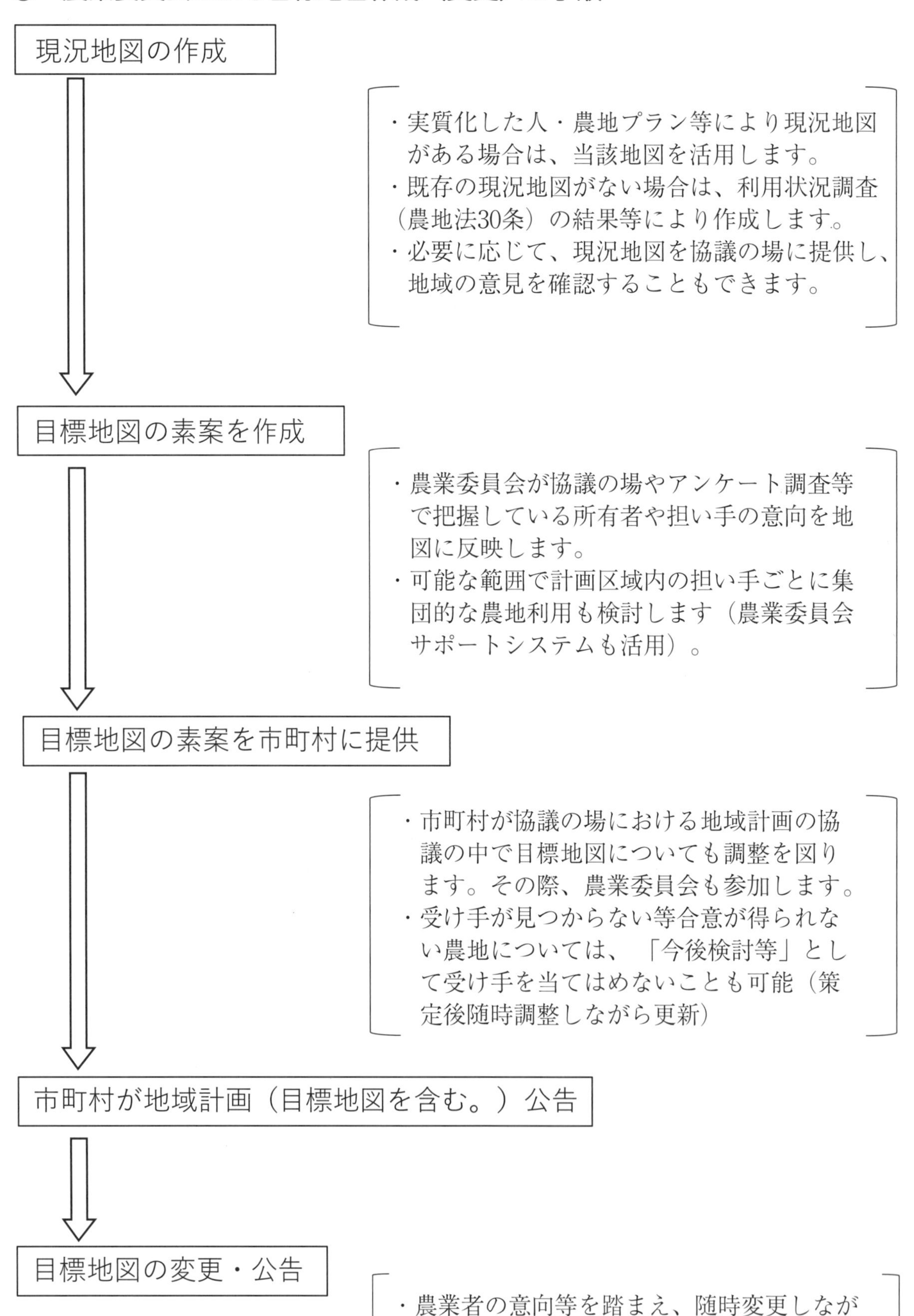

③　農業委員会サポートシステムを活用した目標地図作成のイメージ

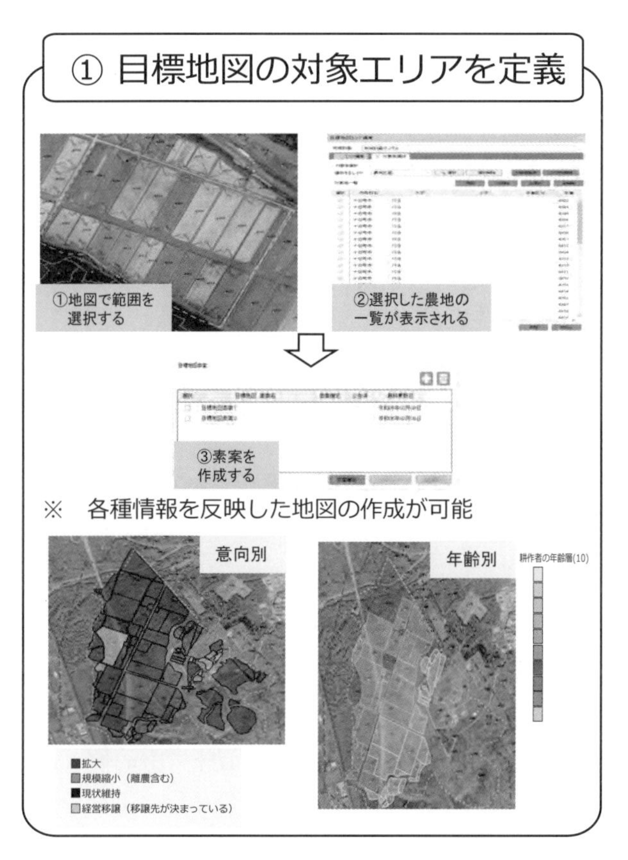

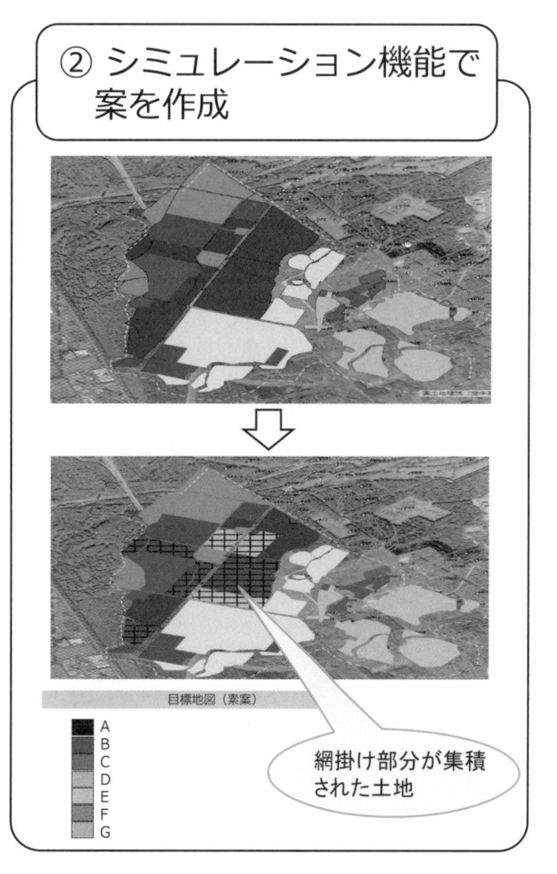

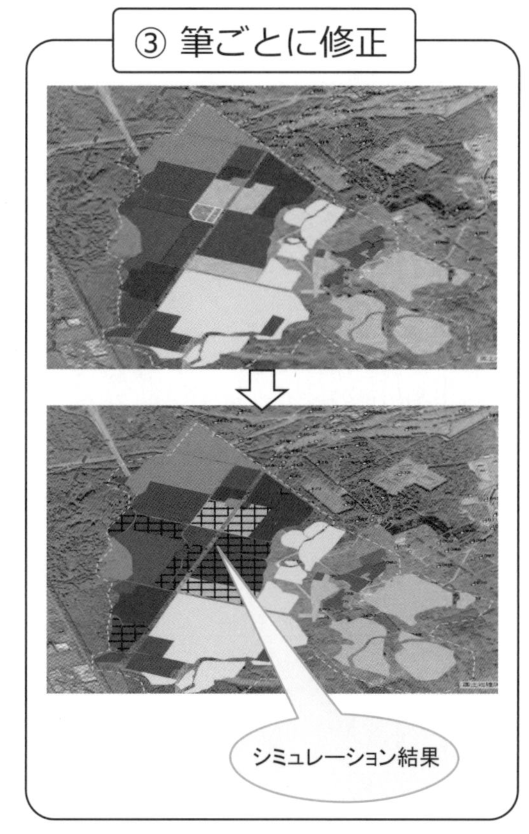

（参考）経過措置として行う農用地利用集積計画

令和４年基盤強化法等改正法により、農用地利用集積計画の仕組みは廃止されました。ただし、改正附則に経過措置が置かれており、令和７年３月末日（地域計画が定められ公告されたときは、その公告の日の前日）までの間は、これまでと同様、農用地利用集積計画による権利の設定・移転が可能となっています。

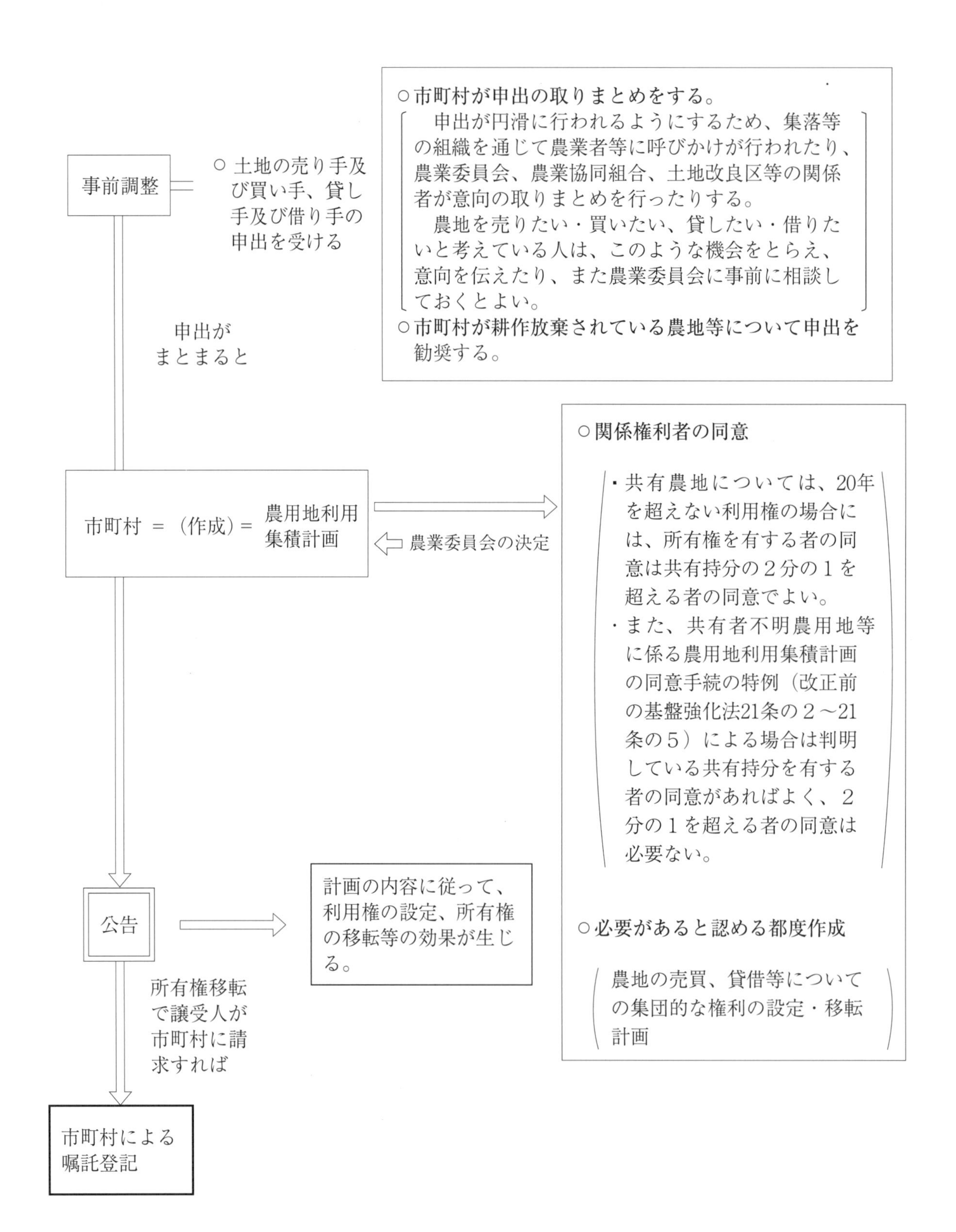

第１　利用権設定（経営受委託、移転及び転貸を除く）関係

１　各筆明細（注１）

整理番号	項目	氏名又は名称	住所
1	利用権の設定を受ける者の氏名及び住所 (A)	（氏名又は名称）甲野一郎	（住所）〇〇市〇〇町〇〇 〇〇番地
	利用権を設定する者の氏名及び住所 (B)	（氏名又は名称）乙野二郎	（住所）〇〇市〇〇町×× ××番地

利用権を設定する土地(C)					設定する利用権(D)							利用権設定等促進事業の実施により成立する利用権の設定等に係る当事者間の法律関係 注７ (E)	利用権を設定する土地のB以外の権原者 (F)			備考 注８
所在		地番	現況地目	面積㎡ 注２	利用権の種類	内容 注３	始期	存続期間（終期）	借賃 注４	借賃の支払の相手方 注５	借賃の支払方法 注６		住所	氏名又は名称	権原の種類	
大字	字															
大字別に記載					賃借権等と記載			「〇年」又は「〇〇年〇月〇日（始期）から〇〇年〇月〇日まで」と記載する。				利用権の種類に対応して「賃貸借」等と記載する。	この欄は(B)欄以外の権原者がいないときは記入を要しない。			
××	××	123番10	田	1,350	賃借権 注７（解除条件付賃借権）	水田として利用	令和6.4.1	5年間（令和10.3.31）	25,000円		毎年3月31日までに〇〇農協〇〇名義口座振込み	賃貸借 注７（解除条件付賃貸借）	該当なし			

注９（この計画に同意する。

利用権の設定を受ける者　　住所（同上）

利用権を設定する者　　住所（同上）

利用権を設定する者以外の者で利用権を設定する土地につき所有権その他の使用収益権を有する者　　住所（同上））

注１　利用権設定の当事者ごとに別葉とします。利用権の設定を受ける者が同一で、利用権を設定する者が異なる場合には、整理番号に枝番を付して整理します。

注２　土地登記簿によるものとし、土地登記簿の地積が著しく事実と相違する場合、土地登記簿の地積がない場合及び土地改良事業による一時利用の指定を受けた土地の場合には、実測面積を（　）書きで下段に２段書きします。なお、１筆の一部について利用権が設定される場合には、〇〇〇㎡の内〇〇〇㎡と記載し、当該部分を特定することのできる図面を添付するとともに、備考欄にその旨を記載します。

注３　利用権の設定による当該土地の利用目的（例えば、水田として利用、普通畑として利用、樹園地として利用、農業用施設用地（畜舎）として利用等）を記載し、水田裏作を目的とする賃貸借等の場合にはその利用期間をも併記します。

注４　当該土地の１年分の借賃（期間借地の場合には、利用期間に係る年分の借賃）の額を記載します。

注５　共有地の場合は、特定の者（代表者）を支払いの相手方として記載することが可能です。

注６　借賃の支払期限と支払方法（例えば、毎年〇月〇〇日までに〇〇農協の〇〇名義の預金口座に振り込む等）を記載します。

注７　解除条件付の賃借権又は使用貸借による権利を設定する場合には〔　〕のように記載します。

注８　当該土地の利用権設定が農業協同組合法10条３項に規定する信託に係るものである場合は、信託財産である旨及び当該信託に係る委託者の氏名又は名称及び住所を記載します。

注９　数人の共有に係る土地についての利用権（存続期間20年を超えないものに限ります）の設定移転の場合は、所有権を有する者の同意については1/2を超える共有持分を有する者の同意が得られればよいです。

2　共通事項

この農用地利用集積計画の定めるところにより設定される利用権は、１の各筆明細に定めるほか、次に定めるところによる。

⑴　借賃の支払猶予

利用権を設定する者（以下「甲」という。）は、利用権の設定を受ける者（以下「乙」という。）が災害その他やむを得ない事由のため、借賃の支払期限までに借賃の支払をする事ができない場合には、相当と認められる期日までにその支払を猶予する。

⑵　借賃の減額

利用権の目的物（以下「目的物」という。）が農地である場合で、１の各筆明細に定められた借賃の額が、災害その他の不可抗力により借賃より少ない収益となったときは民法609条によりその収益の額に至るまで、乙は甲に対し借賃の減額を請求することができる。減額されるべき額は、○○町、甲及び乙が協議して定めるものとし、必要に応じて農業委員会の意見を聞くものとする。

⑶　解約権の留保の禁止

甲及び乙は１の各筆明細に定める利用権の存続期間の中途において解約する権利を有しない。

（第２案）

⑶　解約に当たっての相手方の同意

甲及び乙は１の各筆明細に定める利用権の存続期間の中途において解約しようとする場合は、相手方の同意を得るものとする。

⑷　転貸又は譲渡

乙はあらかじめ市町村に協議した上、甲の承諾を得なければ目的物を転貸し、又は利用権を譲渡してはならない。

⑸　修繕及び改良

ア　甲は、乙の責めに帰すべき事由によらないで生じた目的物の損耗について、自らの費用と責任において修繕する。ただし、緊急を要するときその他甲において修繕することができない場合で甲の同意があったときは、乙が修繕することができる。この場合において乙が修繕の費用を支出したときは、甲に対してその償還を請求することができる。

イ　乙は、甲の同意を得て目的物の改良を行うことができる。ただし、その改良が軽微である場合には甲の同意を要しない。

⑹　租税公課の負担

ア　甲は、目的物に対する固定資産税その他の租税を負担する。

イ　乙は、目的物に係る農業災害補償法（昭和22年法律第185号）に基づく共済掛金及び賦課金を負担する。

ウ　目的物に係る土地改良区の賦課金については、甲及び乙が別途協議するところにより負担する。

⑺　目的物の返還

ア　利用権の存続期間が満了したときは、乙は、その満了の日から30日以内に、甲に対して目的物を原状に回復して返還する。ただし、災害その他の不可抗力、修繕若しくは改良行為による形質の変更又は目的物の通常の利用によって生ずる形質の変更については、乙は、原状回復の義務を負わない。

イ　乙は、目的物の改良のために支出した有益費については、その返還時に増価額が現存している場合に限り、甲の選択に従い、その支出した額又は増価額（土地改良法（昭和24年法律第195号）に基づく土地改良事業により支出した有益費については、増価額）の償還を請求することができる。

ウ　イにより有益費の償還請求があった場合において甲及び乙の間で有益費の額について協議が調わないときは、甲及び乙双方の申出に基づき市町村が認定した額を、その費やした金額又は増価額とする。

エ　乙は、イによる場合その他の法令による権利の行使である場合を除き、目的物の返還に際し、名目のいかんを問わず返還の代償を請求してはならない。

⑻　利用権に関する事項の変更の禁止

甲及び乙は、この農用地利用集積計画に定めるところにより設定される利用権に関する事項は変更しないものとする。ただし、甲、乙及び市町村が協議のうえ、真にやむを得ないと認められる場合は、この限りでない。

⑼　利用権取得者の責務

乙は、この農用地利用集積計画の定めるところに従い、目的物を効率的かつ適正に利用しなければならない。

⑽　その他

この農用地利用集積計画の定めのない事項及び農用地利用集積計画に関し疑義が生じたときは、甲、乙及び市町村が協議して定める。

（解除条件付（農業経営基盤強化促進法第18条第２項第６号の規定による）賃借権又は使用貸借による権利の設定を行う場合は、以下のように記載する。）

⑾　解除条件付貸借の場合の追加事項

①　契約の解除

甲は、乙が当該土地を適正に利用していないと認められる場合には賃貸借又は使用貸借を解除するものとする。

②　利用状況の報告

乙は、当該農用地の利用状況について、毎事業年度の終了後３月以内に○○町長に農地法施行規則第60条の２に定めるところにより報告しなければならない。

③　○○町長による勧告

○○町長は、次のいずれかに該当するときは、乙に対して相当の期限を定めて、必要な措置を講ずべきことを勧告することができる。

ア　乙が目的物において行う耕作（又は養畜）の事業により、周辺の地域におけ

Ⅷ 農業経営基盤強化促進法関係

る農用地の農業上の効率的かつ総合的な利用の確保に支障が生じているとき。

イ　乙が地域の農業における他の農業者との適切な役割分担の下に継続的かつ安定的に農業経営を行っていないと認めるとき。

ウ　乙が法人である場合にあっては、乙の業務を執行する役員又は権限及び責任を有する使用人のいずれもが乙の行う耕作又は養畜の事業に常時従事しないとき。

④　○○町長による農用地利用集積計画の取消

○○町長は、次のいずれかに該当するときは、農業委員会の決定を経て、この農用地利用集積計画のうち当該部分に係る賃借権又は使用貸借による権利の設定に係る部分を取り消すものとする。

ア　乙がその農用地を適正に利用していないと認められるにもかかわらず、甲が賃貸借又は使用貸借の解除をしないとき。

イ　乙が③の勧告に従わなかったとき。

⑤　貸借が終了した場合の原状回復

貸借が終了したときは、乙は、その終了の日から○○日以内に、甲に対して当該土地を原状に復して返還する。乙が原状に復することができないときは、甲が原状に回復するために要する費用を乙が負担する。ただし、天災地変等の不可抗力または通常の利用により損失が生じた場合および修繕または改良により変更された場合は、この限りではない。

⑥　違約金の支払い

甲の責めに帰さない事由により貸借を終了させることとなった場合には、乙は、甲に対し賃借料の○年分に相当する金額を違約金として支払う。

3　利用権の設定等を受ける者の農業経営の状況等[注1]

（農地所有適格法人以外）

整理番号	1	氏名又は名称	甲野一郎	性別	男	年齢	45歳	農作業従事日数	180日

<table>
<tr><td colspan="2" rowspan="2">注2
利用権の設定等を受ける土地の面積
(A)　㎡</td><td colspan="2" rowspan="2">利用権の設定等を受ける者が耕作又は養畜の事業に供している農用地の面積
(B)　㎡</td><td rowspan="2">注3
利用権の設定等を受ける者の主たる経営作目
(C)</td><td colspan="6">利用権の設定等を受ける者の世帯員の農作業従事及び雇用労働力の状況 (D)</td><td colspan="2">利用権設定等を受ける者の主な家畜の飼養の状況 (E)</td><td colspan="2">利用権の設定等を受ける者の主な農機具の所有の状況 (F)</td></tr>
<tr><td colspan="2">世帯員</td><td colspan="3">農業従事者
（うち15歳以上60歳未満の者）</td><td>雇用労働力
（年間延日数）</td><td>種類</td><td>数量</td><td>種類</td><td>数量</td></tr>
<tr><td rowspan="2">農地</td><td rowspan="2">1,350</td><td rowspan="3">農地</td><td rowspan="3">57,000</td><td rowspan="6">水稲</td><td rowspan="3">男</td><td rowspan="3">1人</td><td colspan="2">注5
農業専従者</td><td>1人
（1人）</td><td rowspan="6">30人日</td><td rowspan="6"></td><td rowspan="6"></td><td rowspan="6">トラクター
(30PS)
田植機
(4条植)
コンバイン
(4条刈)</td><td rowspan="6">台
1

1

1</td></tr>
<tr><td rowspan="5">注6
農業補助者</td><td rowspan="3">主として農業に従事する者</td><td rowspan="3">人
（　人）</td></tr>
<tr><td rowspan="2">採草放牧地</td><td rowspan="2"></td></tr>
<tr><td rowspan="3">採草放牧地</td><td rowspan="3"></td><td rowspan="3">女</td><td rowspan="3">1人</td></tr>
<tr><td rowspan="2">注4
その他</td><td rowspan="2"></td><td rowspan="2">従として農業に従事する者</td><td rowspan="2">1人
（1人）</td></tr>
<tr></tr>
</table>

注１　①　この記載は、同一公告に係る計画書中に記載があれば、他は記載を要しません。
②　利用権の設定等を受ける者の農業経営の状況等の記載事項の全てが農地台帳により整理されている場合には、農地台帳整理番号○○、氏名又は名称、性別、年齢、農作業従事日数のみの記載にかえることができます。

注２　同一公告に係る計画によって、利用権等の設定、移転が２つ以上ある場合には、それぞれを合算して面積を記入します。

注３　主たる経営作目を「水稲」、「果樹」、「野菜」、「養豚」、「養鶏」、「酪農」、「肉用牛」、「施設園芸」等と記載します。

注４　混牧林地、農業用施設の用に供される土地、開発して農用地の用に供される土地又は開発して農業用施設の用に供される土地の別にその面積を記載します。

注５　「農業専従者」とは、自家農業労働日数が年間おおむね150日以上の者

注６　「農業補助者」とは、自家農業労働日数が年間おおむね60～149日の者

第２　利用権設定（転貸）関係（略）

第３　利用権移転関係（略）

第４　経営受委託関係（略）

第５　所有権移転関係（略）

3　農地中間管理機構の特例事業

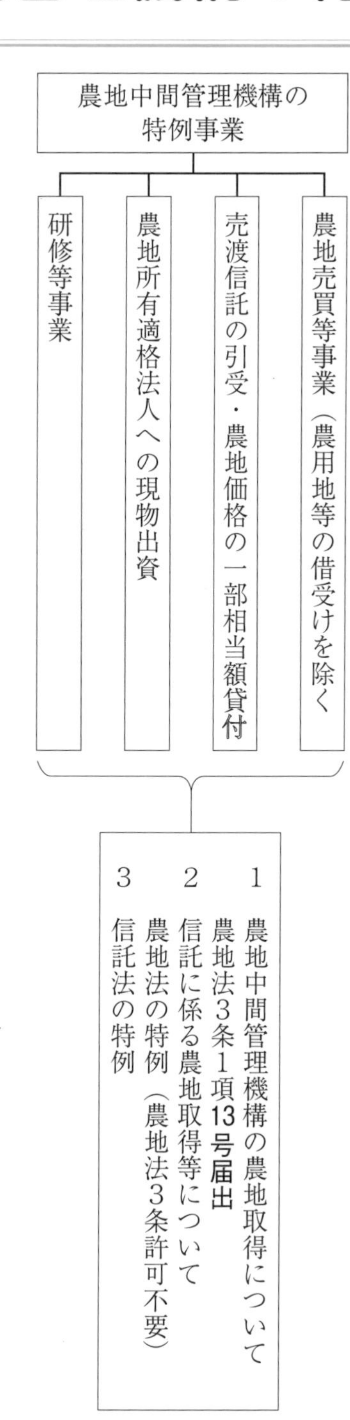

Ⅸ

農地中間管理事業の推進に関する法律関係

1　農地中間管理事業

都道府県

○基本方針の作成（中間管理法３条）
○農地中間管理機構の指定・公告（中間管理法４条、５条）
○事業規程の認可（中間管理法８条３項）
○農用地利用集積等促進計画の認可・公告（中間管理法 18 条５項、７項）
○事業経費の補助　等

農地中間管理機構

○事業規程の作成（中間管理法８条）
○事業計画・収支予算等の作成
○農用地利用集積等促進計画の作成（中間管理法 18 条）
○貸借契約、賃料債権等の管理
○現地駐在員の設置
○市町村、農業委員会等への業務の委託　等

市町村・農業委員会等

○市町村による農用地利用集積等促進計画（案）の提出（中間管理法 19 条２項）
○農業委員会による農用地利用集積等促進計画の作成要請（中間管理法 18 条 11 項）
○農用地利用集積等促進計画への意見（中間管理法 18 条３項）
○農地中間管理機構からの受託業務の実施　等

2 農用地利用集積等促進計画

i 作成手順等

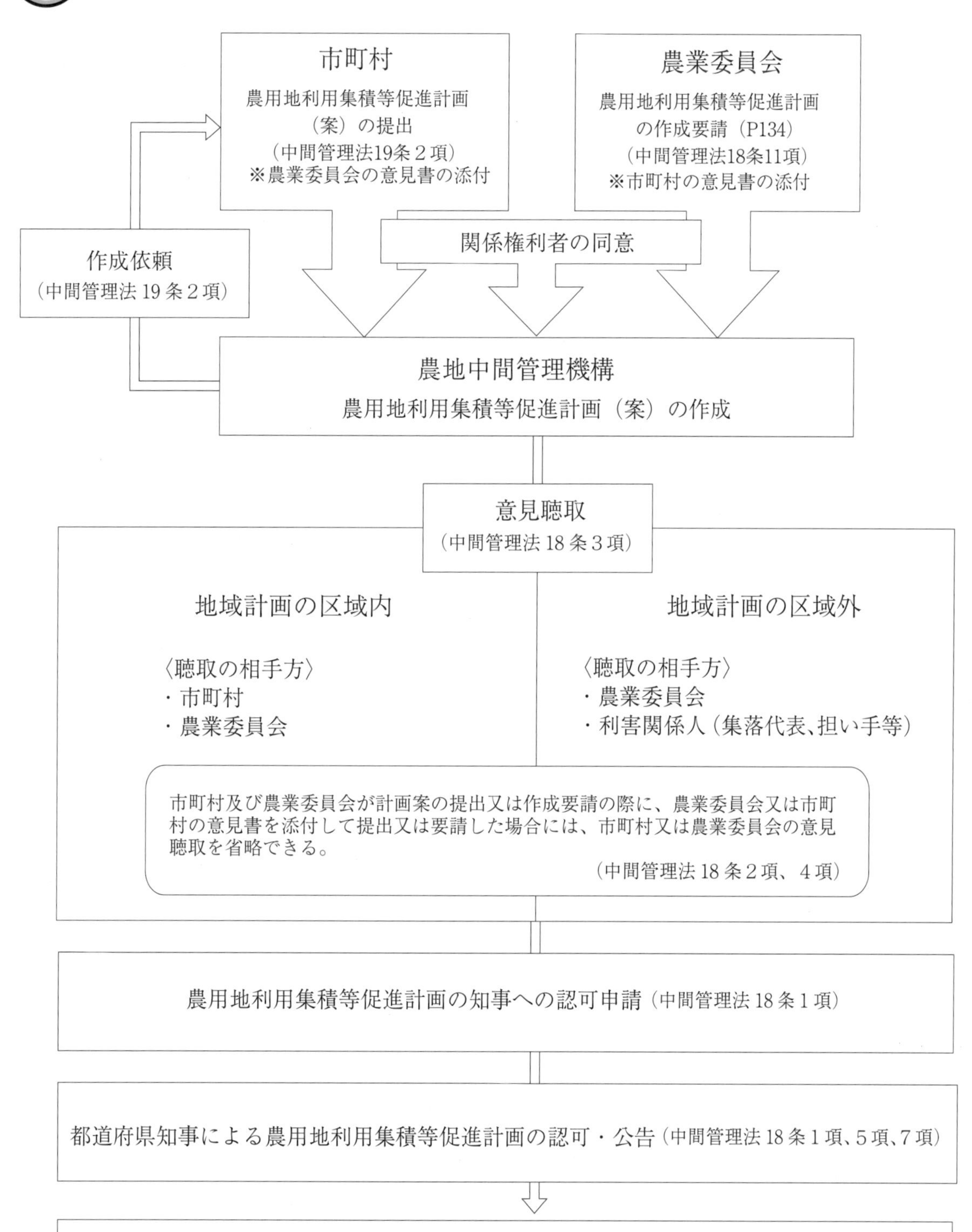

ii 農業委員会による要請（中間管理法18条11項）

農業委員会は、農用地の利用の効率化及び高度化の促進を図るために必要があると認めるときは、それぞれの事項を示して農用地利用集積等促進計画を定めることを農地中間管理機構に対し要請することができます。

この場合、農地中間管理機構が定めようとする農用地利用集積等促進計画の内容が要請の内容と一致する場合、農地中間管理機構による農業委員会への意見聴取は要しません。

（農地中間管理機構に対する農地中間管理権の設定等）

① 氏名又は名称及び住所

② 土地の所在、地番、地目及び面積

③ 権利の種類、内容、始期又は移転の時期及び存続期間又は残存期間並びに当該権利が賃借権である場合にあっては借賃並びにその支払の相手方及び方法、経営受託権である場合には、農業の経営の委託者に帰属する損益の算定基準並びに決済の相手方及び方法

④ 農作業の委託を受ける場合には、当該農作業の内容、契約期間並びに対価及びその支払の方法

（農地中間管理機構による賃借権の設定等）

① 氏名又は名称及び住所

② 土地の所在、地番、地目及び面積

③ 現に農地中間管理機構から賃借権、使用貸借による権利若しくは経営受託権の設定又は農作業の委託を受けている者がある場合には、その者の氏名又は名称及び住所

④ 賃借権の設定等を受ける場合には、当該権利の種類、内容、始期又は移転の時期及び存続期間又は残存期間並びに当該権利が賃借権である場合にあっては借賃及びその支払いの方法、当該権利が経営受託権である場合にあっては農地中間管理機構に帰属する損益の算定基準及び決済の方法

⑤ 農作業の委託を受ける場合には、当該農作業の内容、契約期間並びに対価並びにその支払の相手方及び方法

⑥ 中間管理法21条２項各号のいずれかに該当する場合には、賃借権、使用貸借又は農業経営等の委託の解除をする旨の条件

（参考例）農業委員会から農地中間管理機構への要請様式

要請文案

番　　　号
年　月　日

○○○農業公社
理事長　　○○　○○　　殿

○○市農業委員会
会　長　　○○　○○

農用地利用集積等促進計画に作成の要請について

農地中間管理事業の推進に関する法律第18条第11項の規定に基づき、下記のとおりの農用地利用集積等促進計画の作成を同条第11項に基づき要請します。

記

1　権利設定等の内容
別紙1「農用地利用集積等促進計画案」のとおり

2　権利設定等に係る確認事項
別紙2「確認書」のとおり

（別紙１）

農用地利用集積等促進計画等（出し手→機構）

1 各筆明細 注1

整理番号	1	農地中間管理権の設定をする者（甲）	（氏名又は名称） 甲野一郎	（住所） ○○市○○町○○番地
		農地中間管理機構（乙）	（氏名又は名称） 公益財団法人 ○○県農業公社 理事長　乙野二郎	（住所） ○○市○○町○○番地

農地中間管理権の設定をする土地（A） 注2						（乙）に設定する農地中間管理権（B）									農地中間管理権の設定をする土地の（甲）以外の権原者（C） 注10			備考
所在				現況地目	面積㎡ 注3	権利の種類 注4	内容（土地の利用目的） 注5	始期年月日	終期年月日	存続期間 注6	借賃 注7		借賃の支払の相手方 注8	借賃の支払方法 注9	住所	氏名又は名称	権限の種類	
市町村	大字	字	地番								10aあたり	年額						
××	××	×	123番10	田	1,000	賃借権	水田として利用	令和6.4.1	令和11.3.31		15,000円	15,000円	甲本人	毎年3月31日までに○○農協○○名義口座振込み	該当なし			

この計画に同意する。

農地中間管理権の設定をする者（甲）

農地中間管理機構（乙）

農地中間管理権の設定をする者以外の者で農地中間管理権の設定をする土地につき所有権その他の使用収益権を有する者

（住所）　（氏名又は名称）

（住所）　（氏名又は名称）

（住所）　（氏名又は名称）

注１　この各筆明細は、農地中間管理権の設定をする者ごとに別葉とします。

注２　（A）欄は、市町村別に記載します。

注３　土地登記簿によるものとし、土地登記簿の地積が著しく事実と相違する場合、土地登記簿の面積がない場合及び土地改良事業による一時利用の指定を受けた土地の場合には、実測面積を（　）書きで２段書きします。なお、１筆の一部について農地中間管理権が設定される場合には、○○○㎡の内○○㎡と記載し、当該部分を特定することのできる図面を添付するとともに、備考欄にその旨を記載します。

注４　「賃借権」又は「使用賃借による権利」のいずれかを記載します。

注５　当該土地の利用目的（例えば、水田として利用、普通畑として利用、樹園地として利用、農業用施設用地（畜舎）として利用等）を記載します。

注６　「○年」と記載します。

注７　当該土地の１年分の借賃（期間借地の場合には、利用期間に係る借賃）の額を記載します。

注８　当該土地が共有地の場合には、特定の者（代表者）を記載することができます。

注９　借賃の支払期限と、支払方法（現金払、口座振込等）を記載します。

注10　（C）欄は、甲以外の使用収益権を有する者がいないときは記入を要しません（抵当権者の記入は不要です。）。

農用地利用集積等促進計画等（機構→受け手）

1　各筆明細[注1]

整理番号		農地中間管理機構（甲）	（氏名又は名称） 公益財団法人 〇〇県農業公社 理事長　乙野二郎	（住所） 〇〇市〇〇町〇〇番地
		権利の設定を受ける者（乙）	（氏名又は名称） 丙野三郎	（住所） 〇〇市〇〇町〇〇番地

権利を設定する土地（A）注2						（乙）に設定する権利（B）								備考
所在				現況地目	面積㎡ 注3	権利の種類 注4	内容（土地の利用目的）注5	始期年月日	終期年月日	存続期間 注6	借賃 注7		借賃の支払方法 注8	
市町村	大字	字	地番								10aあたり	年額		
××	××	×	123番5	田	1,000	賃借権	水田として利用	令和6.4.2	令和11.4.1	5年間	15,000円	15,000円	毎年4月1日までに〇〇銀行の〇〇名義口座振込み	

この計画に同意する。

農地中間管理機構（甲）

権理の設定を受ける者（乙）

（住所）　　　　　　　　（氏名又は名称）

（住所）　　　　　　　　（氏名又は名称）

注１　この各筆明細は、権利の設定を受ける者ごとに別葉とします。

注２　（A）欄は、市町村別に記載します。

注３　土地登記簿によるものとし、土地登記簿の地積が著しく事実と相違する場合、土地登記簿の面積がない場合及び土地改良事業による一時利用の指定を受けた土地の場合には、実測面積を（　）書きで２段書きします。なお、１筆の一部について権利が設定される場合には、○○○㎡の内○○㎡と記載し、当該部分を特定することのできる図面を添付するとともに、備考欄にその旨を記載します。

注４　「賃借権」又は「使用貸借による権利」のいずれかを記載します。

注５　当該土地の利用目的（例えば、水田として利用、普通畑として利用、樹園地として利用、農業用施設用地（畜舎）として利用等）を記載します。

注６　「○年」と記載します。

注７　当該土地の１年分の借賃（期間借地の場合には、利用期間に係る借賃）の額を記載します。

注８　借賃の支払期限と、支払方法（現金払、口座振込等）を記載します。

（別紙２）

権利設定等に係る確認事項

１　地域計画の内外

☑　地域計画内　□　地域計画外

２　権利設定をする者

⑴　所有者の人数

□　１人

☑　複数

その持分ごとの人数

⑵　転貸借の場合

・所有者の同意があるか

□　ある　　□　今後同意を得る見込みがある

２　権利設定を受ける者

⑴　個人の場合

・地域計画への位置づけられているか

☑　位置づけられている　□　位置づけられる予定　□　位置づけられていない

・農作業常時従事者がいるか

☑　いる　□　近々、常時従事する見込み　□いない

・経営農地を効率的に利用する見込みがあるか。

☑　ある　□　ない

⑵　農地所有適格法人の場合

・農地所有適格法人の要件を満たしているか。

□　いる　□　いない

⑶　上記以外の個人又は法人の場合

・経営農地を効率的に利用する見込みがあるか。

□　ある　□　ない

・他の農業者との役割分担のもと継続的・安定的に経営を行う見込みがあるか

□　ある

・法人の場合、業務執行役員等の一人が農業に常時従事すると認められるか。

□　認められる。

※参考として基礎資料を添付する。

（参考）

農業委員会が確認する際の基礎資料

賃借権の設定等又は所有権の移転（以下「権利設定等」という。）を受ける者の農業経営の状況等

（法人以外）注1

<table>
<tr><td>整理番号</td><td>1</td><td colspan="2">氏名又は名称</td><td colspan="4">丙野　三郎</td><td colspan="2">年齢</td><td>60</td><td colspan="2">農作業従事日数</td><td colspan="2">250日</td></tr>
<tr><td colspan="2" rowspan="2">権利設定等を受ける土地の面積（A）注2</td><td colspan="2" rowspan="2">権利設定等を受ける者が耕作又は養畜の事業に供している農用地の面積（B）</td><td rowspan="2">権利設定等を受ける者の主たる経営作目（C）注3</td><td colspan="6">権利設定等を受ける者の世帯員の農作業従事及び雇用労働力の状況（D）</td><td colspan="2">権利設定等を受ける者の主な家畜の飼育状況（E）</td><td colspan="2">権利設定等を受ける者の主な農機具の所有状況（F）</td></tr>
<tr><td colspan="2">世帯員</td><td colspan="3">農業従事者（うち15歳以上65歳未満の者）注4</td><td>雇用労働力(年間延べ労働日数)</td><td>種類</td><td>数量</td><td>種類</td><td>数量</td></tr>
<tr><td>農地</td><td>1,000㎡</td><td rowspan="2">農地</td><td rowspan="2">60,000㎡</td><td rowspan="4">水稲
果樹</td><td rowspan="2">男</td><td rowspan="2">2人</td><td colspan="2">主たる従事者 注4</td><td>2人
（2人）</td><td rowspan="4">－人日</td><td rowspan="4">－</td><td rowspan="4">－</td><td rowspan="4">トラクター
田植機
コンバイン</td><td rowspan="4">1台
1台
1台</td></tr>
<tr><td>採草放牧地</td><td>－㎡</td><td rowspan="3">その他の従事者</td><td>主として農業に従事する者</td><td>－人
（　人）</td></tr>
<tr><td rowspan="2">その他</td><td rowspan="2">－㎡</td><td rowspan="2">採草放牧地</td><td rowspan="2">－㎡</td><td rowspan="2">女</td><td rowspan="2">1人</td><td rowspan="2">従として農業に従事する者</td><td rowspan="2">1人
（1人）</td></tr>
<tr></tr>
<tr><td colspan="9">権利設定等を受ける者が権利設定等を受けた後に行う耕作又は養畜の事業が、権利設定等を受ける農用地等の周辺の農用地の農業上の利用に及ぼすことが見込まれる影響（G）</td><td colspan="6"></td></tr>
</table>

注１　権利設定等を受ける者の農業経営の状況等（以下「本書類」という。）は、同一公告に係る農用地利用集積等促進計画書（以下「促進計画書」という。）中、いずれかにその添付があれば、他はその添付を要しません。

注２　同一公告に係る促進計画書中に複数の権利設定等がある場合には、それぞれを合算して面積を記載します。なお、「その他」には、混牧林地、農業用施設の用に供される土地、開発して農用地又は農業用施設の用に供される土地とすることが適当な土地の別にその面積を記載します。

注３　主たる経営作目を「水稲」、「果樹」、「野菜」、「養豚」、「養鶏」、「酪農」、「肉用牛」、「施設園芸」等と記載します。

注４　「主たる従事者」とは、自家農業労働日数が年間おおむね150日以上の者（自家農業労働日数が年間おおむね150日に達する者がいない場合は、その行う耕作又は養畜の事業に必要な行うべき農作業がある限りこれに従事する者）を、「その他の従事者」とは、主たる従事者以外でその農作業に従事する者をいいます。

注1
（農地所有適格法人）

整理番号	1	農地所有適格法人の名称	（農）丁川農産　組合長 丁川 四郎

<table>
<tr><td colspan="2" rowspan="3">権利設定等を受ける土地の面積（A）注2</td><td colspan="2" rowspan="3">権利設定等を受ける農地所有適格法人が耕作又は養畜の事業に供している農用地の面積（B）</td><td colspan="4">権利設定等を受ける農地所有適格法人の事業の状況（C）</td><td colspan="2" rowspan="2">権利設定等を受ける農地所有適格法人の主な家畜の飼育状況（F）</td><td colspan="2" rowspan="2">権利設定等を受ける農地所有適格法人の主な農機具の所有状況（G）</td></tr>
<tr><td colspan="4">事業の種類</td></tr>
<tr><td></td><td>農畜産物 注3</td><td>関連事業の内容 注4</td><td>左記以外の事業内容</td><td>種類</td><td>数量</td><td>種類</td><td>数量</td></tr>
<tr><td rowspan="2">農地</td><td rowspan="2">1,000㎡</td><td rowspan="4">農地</td><td rowspan="4">80,000㎡</td><td>現在</td><td>水稲 大豆</td><td>―</td><td>―</td><td rowspan="10"></td><td rowspan="10"></td><td rowspan="10">トラクター
田植機
コンバイン
大豆収穫機等</td><td rowspan="10">2台
2台
1台
1台</td></tr>
<tr><td>権利設定等を受けた後 注5</td><td>水稲 大豆 小麦</td><td>ミソの加工・販売</td><td></td></tr>
<tr><td rowspan="3">採草放牧地</td><td rowspan="3">㎡</td><td colspan="4">事業の実施状況及び事業計画</td></tr>
<tr><td></td><td>農業 注6</td><td colspan="2">左記以外の事業</td></tr>
<tr><td>3年前</td><td>水稲 大豆</td><td colspan="2"></td></tr>
<tr><td rowspan="5">その他</td><td rowspan="5">㎡</td><td rowspan="5">採草放牧地</td><td rowspan="5">㎡</td><td>2年前</td><td>〃</td><td colspan="2"></td></tr>
<tr><td>1年前</td><td>〃</td><td colspan="2"></td></tr>
<tr><td>初年度</td><td>水稲 大豆 小麦</td><td colspan="2"></td></tr>
<tr><td>2年前</td><td>〃</td><td colspan="2">ミソの加工・販売</td></tr>
<tr><td>3年前</td><td>〃</td><td colspan="2">〃</td></tr>
</table>

<table>
<tr><td colspan="8">権利設定等を受ける農地所有適格法人への構成員の状況（D）</td><td colspan="6"></td></tr>
<tr><td rowspan="2">氏名・名称</td><td rowspan="2">農業関係者 注7</td><td rowspan="2">議決権又は株式の数 注8</td><td colspan="2">法人への農用地等の権利設定等</td><td colspan="2">年間農業従事日数 注9</td><td rowspan="2">法人と構成員との取引関係等の内容 注10</td><td rowspan="2">氏名</td><td rowspan="2">住所 注11</td><td colspan="4">年間農作業従事日数 注12 注13</td></tr>
<tr><td>権利の種類</td><td>面積</td><td>前年実績</td><td>見込み</td><td>前年実績</td><td>見込み</td><td>年間農作業従事日数 前年実績</td><td>見込み</td></tr>
<tr><td>丁川四郎</td><td>○</td><td>1</td><td>賃借権</td><td>81,000㎡</td><td>280</td><td>280</td><td></td><td>丁川四郎</td><td>○○市○○町○○</td><td>280</td><td>280</td><td>280</td><td>280</td></tr>
<tr><td>丁川一子</td><td>○</td><td>1</td><td></td><td>㎡</td><td>200</td><td>200</td><td></td><td>丁川一子</td><td>〃</td><td>200</td><td>200</td><td>200</td><td>200</td></tr>
<tr><td>丁川一郎</td><td>○</td><td>1</td><td></td><td>㎡</td><td>200</td><td>280</td><td></td><td>丁川一郎</td><td>〃</td><td>200</td><td>200</td><td>200</td><td>200</td></tr>
<tr><td></td><td></td><td></td><td></td><td>㎡</td><td></td><td></td><td></td><td></td><td></td><td></td><td></td><td></td><td></td></tr>
<tr><td></td><td></td><td></td><td></td><td>㎡</td><td></td><td></td><td></td><td></td><td></td><td></td><td></td><td></td><td></td></tr>
<tr><td colspan="8">雇用労働力（年間延日数）　人日</td><td colspan="6"></td></tr>
<tr><td colspan="8">権利設定等を受ける者が権利設定等を受けた後に行う耕作又は養畜の事業が、権利設定等を受ける農用地等の周辺の農用地の農業上の利用に及ぼすことが見込まれる影響（H）</td><td colspan="6">なし</td></tr>
</table>

注１　権利設定等を受ける者の農業経営の状況等（以下「本書類」という。）は、同一公告に係る農用地利用集積等促進計画書（以下「促進計画書」という。）中、いずれかにその添付があれば、他はその添付を要しません。

注２　同一公告に係る促進計画書中に複数の権利設定等がある場合には、それぞれを合算して面積を記載します。なお、「その他」には、混牧林地、農業用施設の用に供される土地、開発して農用地又は農業用施設の用に供される土地とすることが適当な土地の別にその面積を記載します。

注３　法人の生産する農畜産物のうち、粗収益の50％を超えると認められるものの名称を記載します。なお、いずれの農畜産物の粗収益も50％を超えない場合には、粗収益の多いものから順に３つの農畜産物の名称を記載します。

注４　法人の農業に関連する事業（①農畜産物を原料又は材料として使用する製造又は加工、②農畜産物の貯蔵、運搬又は販売、③農業生産に必要な資材の製造、④農作業の受託）、農業と併せ行う林業、農事組合法人が行う共同施設の設置又は農作業の共同化に関する事業を記載します。

注５　権利設定等を受ける農用地等を耕作又は養畜の事業に供することとなる日を含む事業年度以後の状況を記載します。

注６　法人の農業（関連事業を含む。以下「農業」といいます。）の売上高の合計を記載し、それ以外の事業の売上高については、「左記以外の事業」欄に記載。また「１年前」から「３年前」の各欄には、その法人の決算が確定している事業年度の売上高の促進計画の公告前３事業年度分をそれぞれ記載し（実績のない場合には空欄）、「初年度」から「３年目」の各欄には、権利設定等を受ける農用地等を耕作又は養畜の事業に供することなる日を含む事業年度を初年度とする３事業年度分の売上高の見込みをそれぞれ記載します。

注７　当該構成員が農業関係者である場合に「○」を記載します。

注８　株式会社にあっては株式（議決権のあるものに限ります。）の数を記載します。

注９　促進計画の公告の日を含む事業年度の前事業年度において法人の行う農業に常時従事している構成員の農業への年間従事日数を記載し、「見込み」欄には、権利設定等を受ける農用地等を耕作又は養畜の事業に供することとなる日を含む事業年度における農業への年間従事日数の見込みを記載木走こなお、「年間農業従事日数」には、農業部門における労務管理や市場開拓等に従事した日数も含まれる

注10　例えば、「法人から生産物を購入している食品会社」、「法人に農作業を委託している農家」、「法人に肥料を販売する肥料会社」、「法人と特許権の専用実施権の設定を行っている種苗会社」等と記載します。

注11　農事組合法人にあっては理事、合名会社、合資会社又は合同会社にあっては業務執行権を有する社員、株式会社にあっては取締役（以下「業務執行役員」という。）が生活の本拠としている市町村名を記載します。

注12　「前年実績」欄には、促進計画の公告の日を含む事業年度の前事業年度における業務執行役員の農業への年間従事日数を記載し、「見込み」欄には、権利設定等を受ける農用地等を耕作又は養畜の事業に供することとなる日を含む事業年度における農業への年間従事日数の見込みを記載します。なお、「年間農業従事日数」には、農業部門における労務管理や市場開拓等に従事した日数も含まれます。

注13　「前年実績」欄には、促進計画の公告の日を含む事業年度の前事業年度において業務執行役員が行った農業への年間従事日数の内数として、その行った耕うん、播種、施肥、刈取り等の農作業に従事した年間日数を記載し、「見込み」欄には、権利設定等を受ける農用地等を耕作又は養畜の事業に供することとなる日を含む事業年度において業務執行役員の行うこととなる農業への年間従事日数の内数として、その行った耕うん、播種、施肥、刈取り等の農作業に従事する年間日数の見込みを記載します。

注1
（農地所有適格法人法人以外の法人）

<table>
<tr><td>整理番号</td><td>1</td><td colspan="2">法人の名称</td><td colspan="6">（株）戊産業　会長 戊五郎</td><td colspan="4"></td></tr>
<tr><td colspan="2" rowspan="3">権利設定等を受ける土地の面積（A）
注2</td><td colspan="2" rowspan="3">権利設定等を受ける法人が耕作又は養畜の事業に供している農用地の面積（B）</td><td rowspan="3">権利設定等を受ける法人の主たる生産作目（C）
注3</td><td colspan="5">権利設定等を受ける法人の業務執行役員等の状況（D）</td><td colspan="2">権利設定等を受ける法人の主な家畜の飼育状況（F）</td><td colspan="2">権利設定等を受ける法人の主な農機具の所有状況（G）</td></tr>
<tr><td rowspan="2">氏名</td><td rowspan="2">役職名</td><td rowspan="2">住所
注4</td><td colspan="2">年間農業従事日数 注5</td><td rowspan="2">種類</td><td rowspan="2">数量</td><td rowspan="2">種類</td><td rowspan="2">数量</td></tr>
<tr><td>前年実績</td><td>見込み</td></tr>
<tr><td rowspan="2">農地</td><td rowspan="2">1,000㎡</td><td rowspan="3">農地</td><td rowspan="3">100,000㎡</td><td rowspan="6">水稲
大豆</td><td>戊五郎</td><td>会長</td><td>○○市○○町○○</td><td>250</td><td>250</td><td rowspan="6"></td><td rowspan="6"></td><td rowspan="6">トラクター
田植機
コンバイン
大豆収穫機</td><td rowspan="6">2台
2台
2台
2台</td></tr>
<tr><td>己　誠</td><td>取締役</td><td>○○市○○町○○</td><td>250</td><td>250</td></tr>
<tr><td rowspan="2">採草放牧地</td><td rowspan="2">―㎡</td><td>庚　実</td><td>理事</td><td>○○市○○町○○</td><td>250</td><td>250</td></tr>
<tr><td rowspan="3">採草放牧地</td><td rowspan="3">―㎡</td><td></td><td></td><td></td><td></td><td></td></tr>
<tr><td rowspan="2">その他</td><td rowspan="2">―㎡</td><td></td><td></td><td></td><td></td><td></td></tr>
<tr><td></td><td></td><td></td><td></td><td></td></tr>
<tr><td colspan="5">雇用労働力（年間延日数）　人日</td><td colspan="9"></td></tr>
<tr><td colspan="5">権利設定等を受ける者が権利設定等を受けた後に行う耕作又は養畜の事業が、権利設定等を受ける農用地等の周辺の農用地の農業上の利用に及ぼすことが見込まれる影響（H）</td><td colspan="3">な　し</td><td colspan="2">地域の農業における他の農業者との役割分担状況（I）</td><td colspan="4">水路管理</td></tr>
</table>

注１　権利設定等を受ける者の農業経営の状況等（以下「本書類」という。）は、同一公告に係る農用地利用集積等促進計画書（以下「促進計画書」という。）中、いずれかにその添付があれば、他はその添付を要しません。

注２　同一公告に係る促進計画中に複数の権利設定等がある場合には、それぞれを合算して面積を記載します。なお、「その他」には、混牧林地、農業用施設の用に供される土地、開発して農用地又は農業用施設の用に供される土地とすることが適当な土地の別にその面積を記載します。

注３　法人の生産する農畜産物のうち、粗収益の50％を超えると認められるものの名称を記載します。なお、いずれの農畜産物の粗収益も50％を超えない場合には、粗収益の多いものから順に３つの農畜産物の名称を記載します。

注４　取締役、理事、執行役、支店長等の役職に就いている者で、その農業に関し実質的に業務執行の権限を有し、地域との調整役として対応できる者が生活の本拠としている市町村名を記載します。

注５　「前年実績」欄には、促進計画の公告の日を含む事業年度の前事業年度において法人の行う農業に常時従事している業務執行役員の農業への年間従事日数を記載し、「見込み」には、権利設定等を受ける農用地等を耕作又は養畜の事業に供することとなる日を含む事業年度における農業への年間従事日数の見込みを記載します。なお、「年間農業従事日数」には、農業部門における労務管理や市場開拓等に従事した日数も含まれます。

iii 農地の賃借等の要件

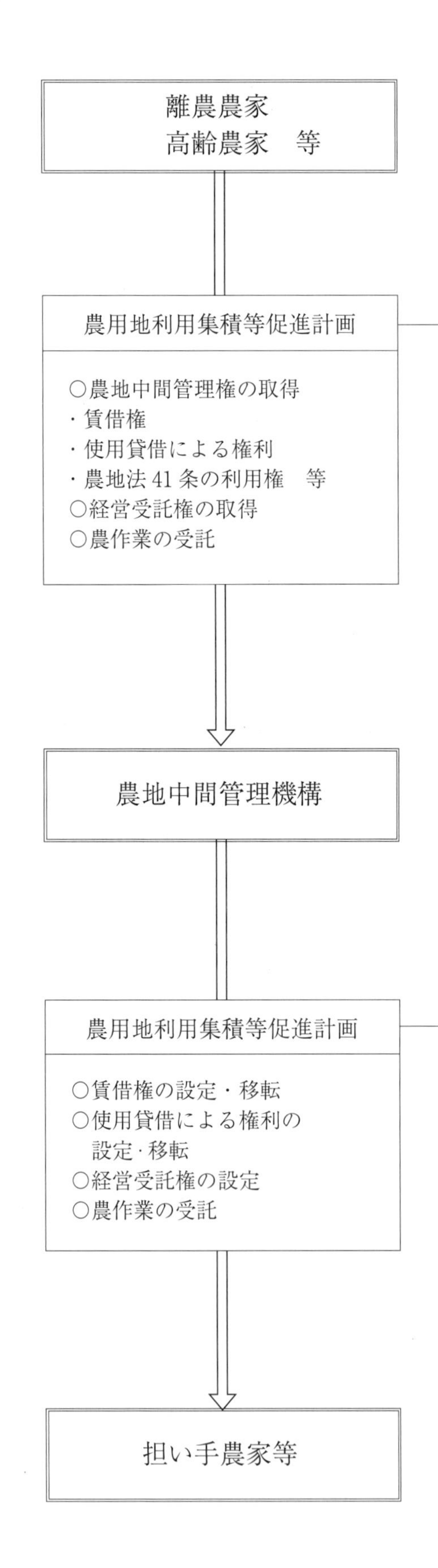

○農地中間管理権を取得等する農用地等の基準

農地中間管理権等の取得は、農用地等として利用することが著しく困難であるものを対象に含まないことその他農用地等の形状又は性質に照らして適切と認められるものであり、かつ、農用地等について借受け又は農業経営等の受託を希望する者の意向その他地域の事情を考慮して行うこととされています。（中間管理法８条２項１号、３項２号）

○地域計画の区域内の農用地等である場合の要件

農地中間管理機構は地域計画の区域内の農用地等について促進計画を定めるに当たっては、地域計画の達成に資することとなるようにしなければなりません。

（中間管理法22条の５）

⇒　当該農用地等について農地中間管理機構から賃借権の設定等を受ける者は、目標地図に農業を担う者として位置付けられている必要があります。このため、目標地図に位置付けられていない場合には、原則として、市町村が目標地図を変更し、当該者を目標地図に位置付ける必要があります。

ただし、次に掲げる①から③のいずれかを満たす場合であって、当該者への権利の設定が「地域計画の達成に資する」ことを市町村が認めた場合においては、当該者に農用地等の貸付けを行うことも可能です（基本要綱第６の２の（２））。

①農業を担う者が不測の事態により営農を継続することが困難となる等、農作物の作付時期等の都合で迅速に貸付けを行う必要があり、かつ、事後的に実情に即して地域計画の変更が行われると見込まれるとき。

②不測の事態により農業を担う者に農用地等を貸し付けることが困難となったときに備えて、あらかじめ地域計画に代替者を定めている場合であって、当該代替者に農用地等を貸し付けるとき。

③農業を担う者に貸し付けるまでの間に農業委員会等の関係機関が認めたその他の者に貸し付けるとき（目標地図の達成に支障を生じない場合に限る。）。

○農地を利用する者の効率的利用要件及び農作業常時従事要件

①農地中間管理機構から賃借権設定等を受ける者は、次の要件を備える必要があります（中間管理法18条５項２号）。

　a　耕作又は養畜の事業に供すべき農地の全てについて効率的に利用して耕作等をすると認められること。

　b　耕作又は養畜の事業に必要な農作業に常時従事すると認められること（農地所有適格法人等の法人には適用されません。）。

②①のｂの農作業常時従事要件を満たさない場合は、次の要件を満たすことが必要です（中間管理法18条５項４号）。

　a　地域の他の農業者との適切な役割分担の下に継続的安定的な農業経営を行うこと。

　b　法人である場合は、業務を執行する役員又は重要な使用人の一人以上が農業に常時従事すること。

iv 所有者不明農地への対応

(1) 農地法41条の利用権の取得

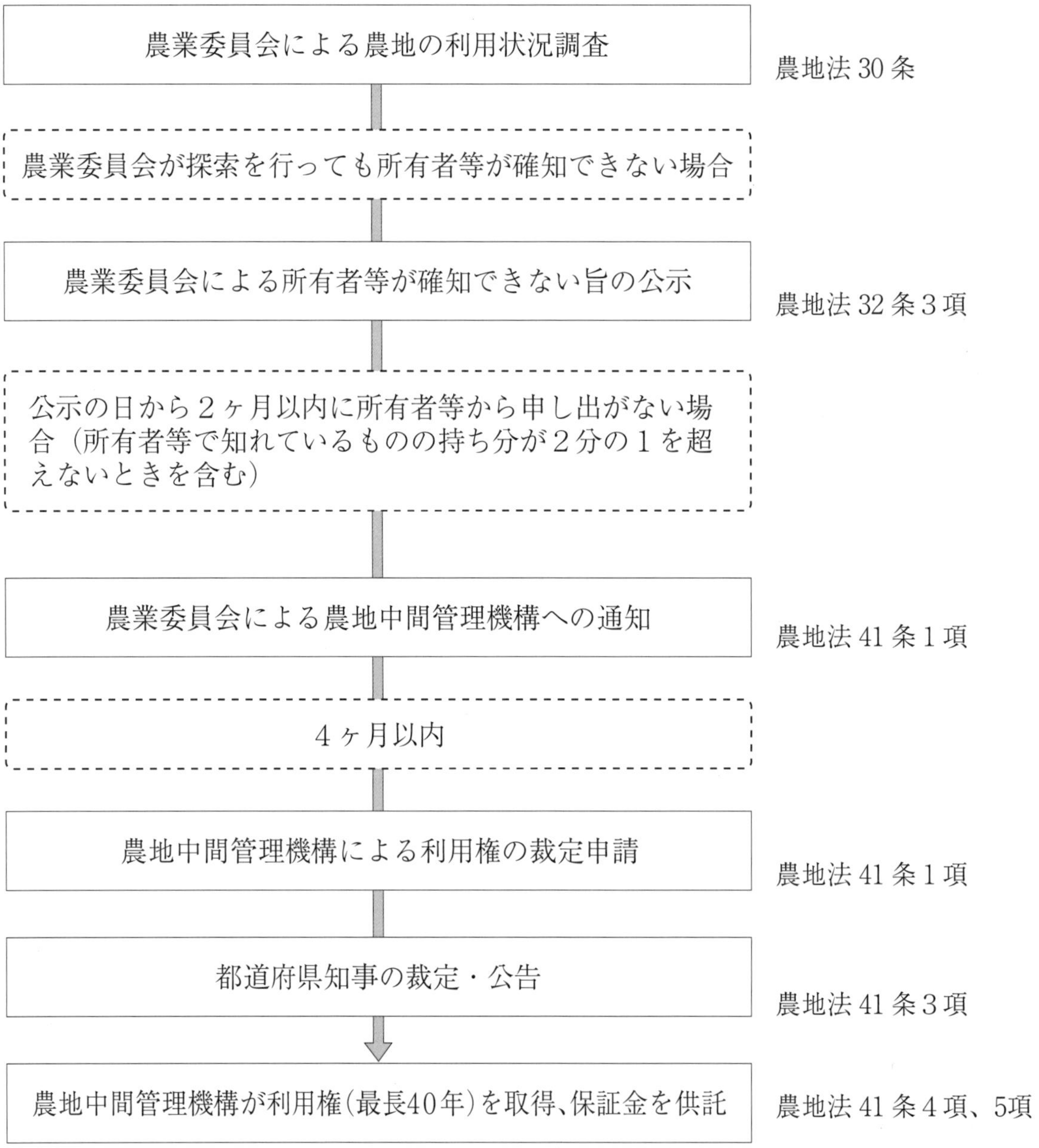

手続	根拠
農業委員会による農地の利用状況調査	農地法30条
↓	
農業委員会が探索を行っても所有者等が確知できない場合	
↓	
農業委員会による所有者等が確知できない旨の公示	農地法32条3項
↓	
公示の日から2ヶ月以内に所有者等から申し出がない場合（所有者等で知れているものの持ち分が2分の1を超えないときを含む）	
↓	
農業委員会による農地中間管理機構への通知	農地法41条1項
↓	
4ヶ月以内	
↓	
農地中間管理機構による利用権の裁定申請	農地法41条1項
↓	
都道府県知事の裁定・公告	農地法41条3項
↓	
農地中間管理機構が利用権（最長40年）を取得、保証金を供託	農地法41条4項、5項

⑵ 農用地利用集積等促進計画の同意の取扱い

① 2分の1を超える共有持ち分を有する者が確知できる場合

数人の共有に係る土地について賃借権等の設定又は移転を行う場合における同意は、2分の1を超える共有持ち分を有する者の同意で足りるとされています（中間管理法18条5項4号）。

② 2分の1を超える共有持ち分を有する者が確知できない場合

共有持ち分を有する1名以上の者が確認できているときに、2分の1を超える共有持ち分を有する者が確知できない場合には、次の手続きによって、確知できない所有者は同意したものとみなされます（中間管理法22条の4）。

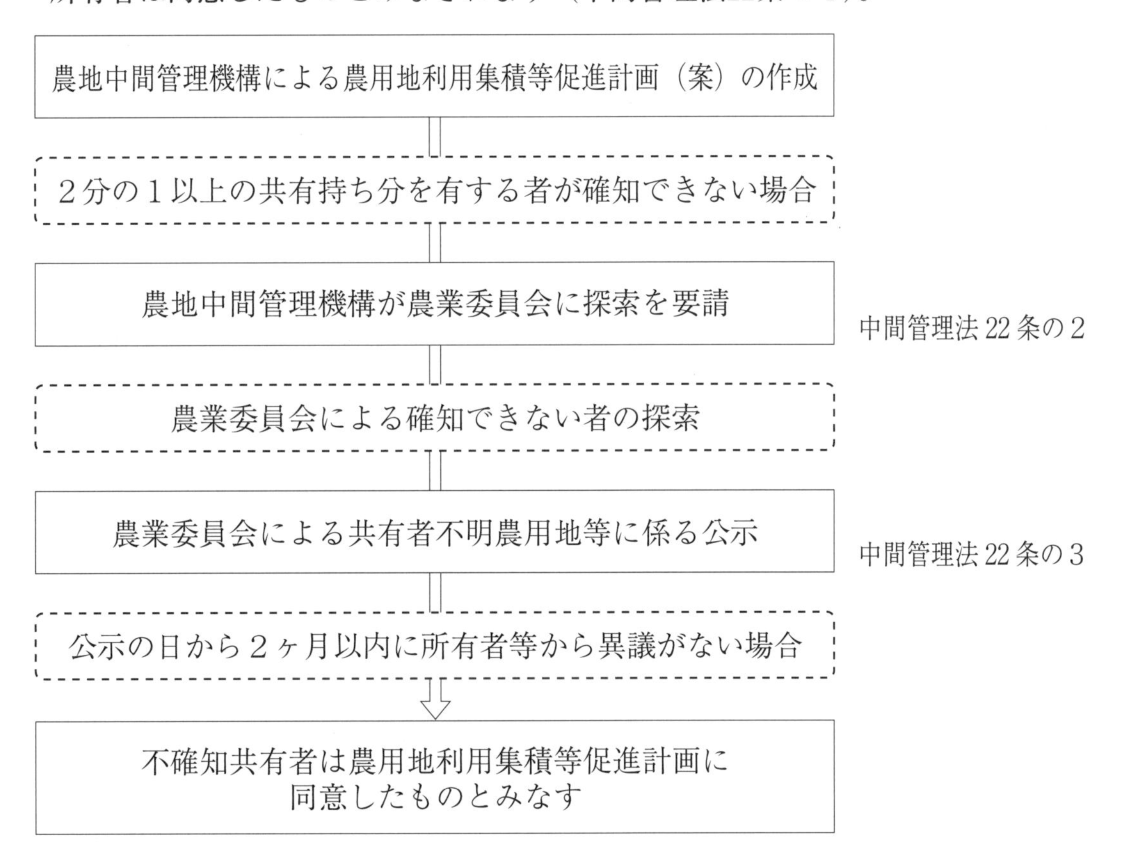

（参考）農用地利用集積計画による一括方式（経過措置として実施）

「農業経営基盤強化促進法等の一部を改正する法律」が令和５年４月に施行され、農用地利用集積計画は廃止されましたが、経過措置として「施行日（令和５年４月１日）から起算して２年を経過する日（その日までに地域計画が定められ及び公告されたときは、当該地域計画の区域については、その公告の日の前日）までの間は、なお従前の例により新たに農用地利用集積計画を定め、及び公告することができるとされています（同法附則５条１項）。

また、農地中間管理機構が賃借権の設定等を受ける農用地等について同時に賃借権の設定等を行う農用地利用集積計画による一括方式も、農用地利用集積等促進計画によらない賃借権の設定等に関する経過措置として実施することができます（同法附則10条）。

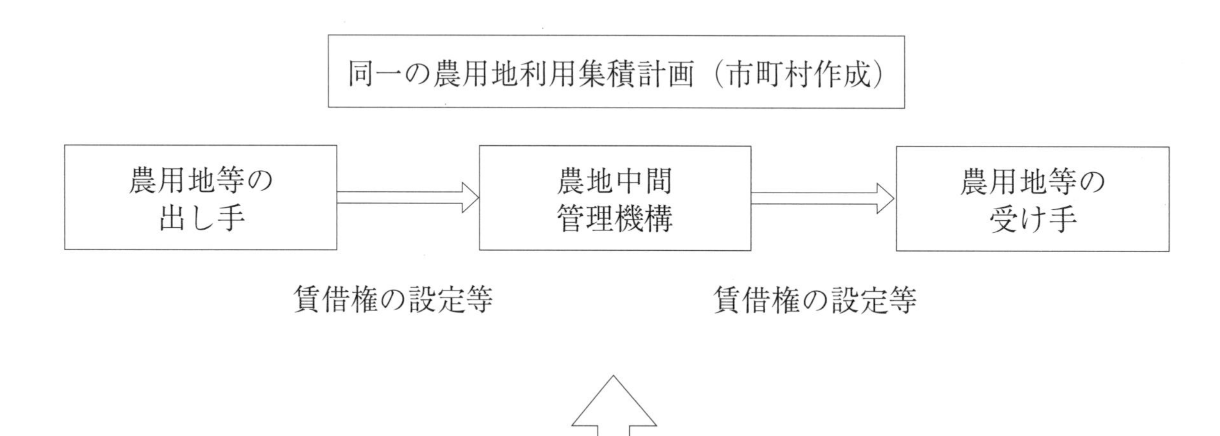

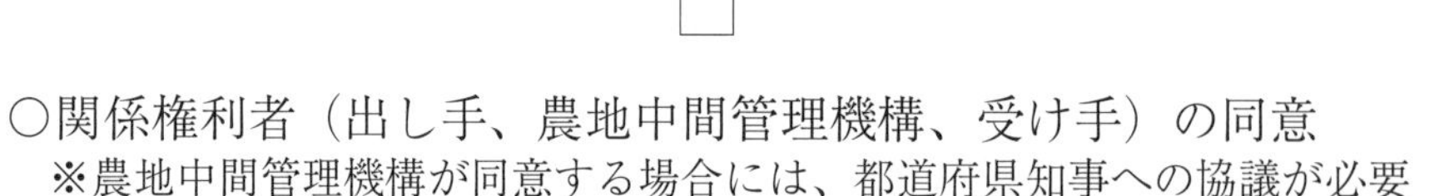

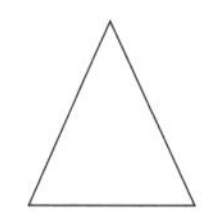

○農地中間管理機構による利害関係人の意見聴取（旧中間管理法 19 条の２第２項）

○農地中間管理機構と都道府県知事の協議（旧中間管理法 19 条の２第１項）

⇒都道府県知事の同意（旧中間管理法 19 条の２第３項）

※知事同意の基準

基本方針及び事業規程に適合すること

X

市民農園関係

1　市民農園の開設の形態

①　市民農園整備促進法[注1]によるもの （同法２条２項）	「市民農園」とは、「主として都市の住民の利用に供される農地（②～④の方式で利用される農地）」 及び 「これらの農地に附帯して設置される農機具収納施設、休憩施設等の施設」 の総体とされています。
②　特定農地貸付法[注2]によるもの （同法２条２項）	「特定農地貸付け」とは、1)地方公共団体、2)農業協同組合、3)これら以外で市町村等との間で貸付協定を締結している者（農地所有者、市町村又は農地中間管理機構から使用貸借による権利又は賃借権の設定を受けている者）が行う ｉ）10ａ未満（特定農地貸付法政令１条）の農地の貸し付けで、相当数の者を対象として定型的な条件で行われるもの ⅱ）営利を目的としない農作物の栽培の用に供するための農地の貸し付け ⅲ）５年（特定農地貸付法政令２条）を超えない農地の貸し付けで賃借権その他の使用及び収益を目的とする権利の設定とされています。
③　都市農地貸借円滑化法（特定都市農地貸付け）[注3]によるもの （同法10条）	「特定都市農地貸付け」とは、地方公共団体及び農業協同組合以外で、都市農地の所有者及び市町村と協定を締結している者が行う上記②のｉ）～ⅲ）に該当する都市農地（生産緑地地区の区域内の農地）についての賃借権等の設定とされています。
④　農園利用方式によるもの （法律の規定なし）	「農園利用方式」とは、相当数の者を対象として定型的な条件でレクリエーションその他の営利以外の目的で継続して行われる農作業の用に供するものです。 　これは、賃借権その他の使用及び収益を目的とする権利の設定又は移転を伴わないで農作業の用に供するものに限られます。 　また、継続して行われる農作業というのは、年に複数の段階の農作業（植付けと収穫等）を行うことをいうものであって、果実等の収穫のみを行う「もぎとり園」のようなものは、これに当たりません。

注１　①で開設できる者及び利用者との契約関係

・地方公共団体＝特定農地貸付、農園利用方式
・農業協同組合＝特定農地貸付、農園利用方式
・農地を所有する個人等＝農園利用方式、特定農地貸付（貸付協定を締結）
・市町村等との間で貸付協定を締結している、農地所有者、市町村、農地中間管理機構から使用貸借による権利又は賃借権の設定を受けている者＝特定農地貸付

注２　特定農地貸付法は、「特定農地貸付けに関する農地法等の特例に関する法律」の略称

②で開設できる者

地方公共団体

農業協同組合

市町村等との間で貸付協定を締結している、農地所有者、市町村、農地中間管理機構から使用貸借による権利又は賃借権の設定を受けている者

注３　③で開設できる者

地方公共団体及び農業協同組合以外の農地を所有していない者で、都市農地を適切に利用していないと認められる場合に市町村が協定を廃止する旨、及び特定都市農地貸付けの承認を取り消した場合等に市町村が講ずべき措置等を内容とする協定を都市農地の所有者及び市町村及び市町村との３者間で締結している者

2　市民農園整備促進法の仕組みと開設手続き

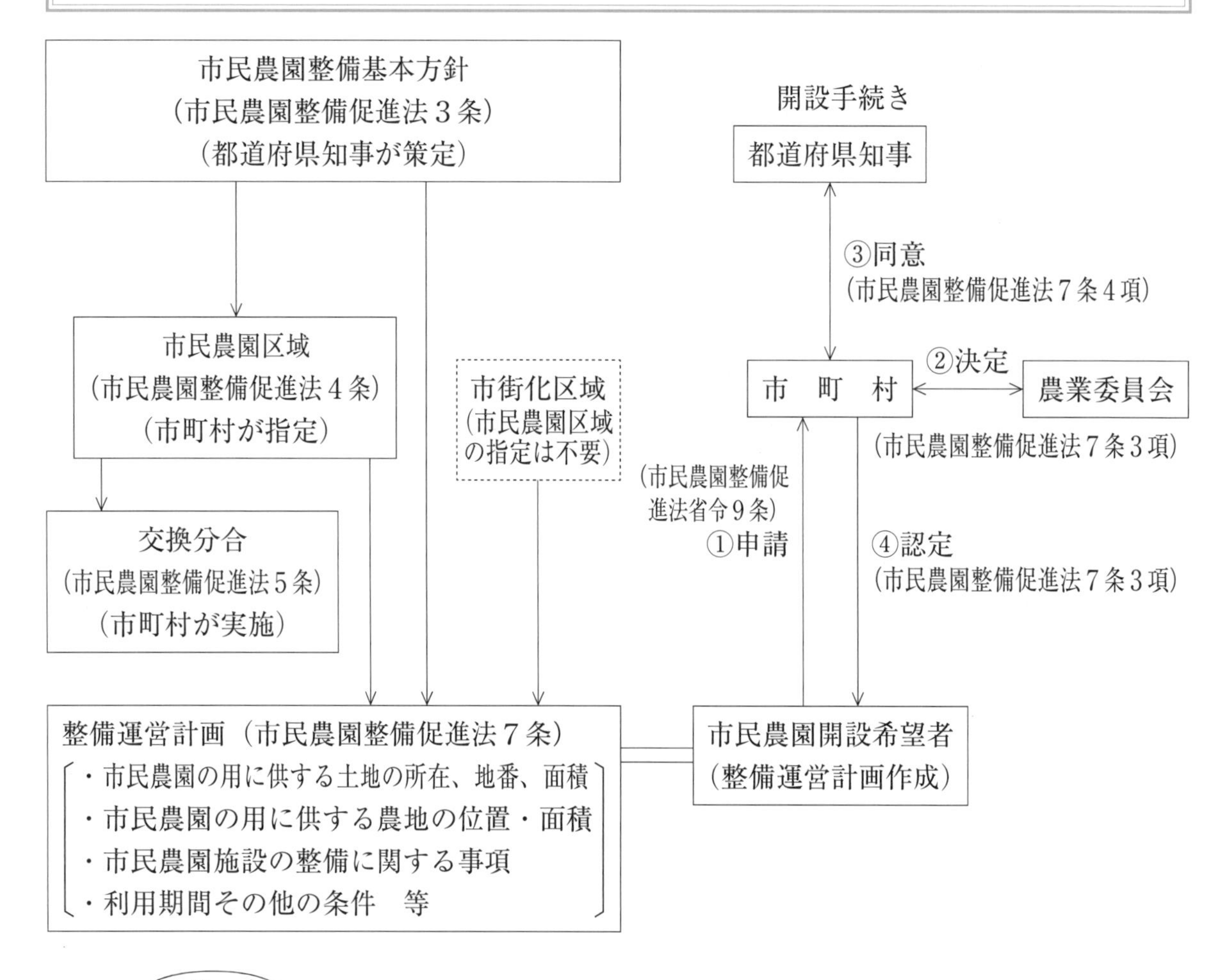

メリット

- 農地の貸し付けについて特定農地貸付法の承認の効果（農地法の許可不要）
  ＜市民農園整備促進法11条１項＞
- 農地の転用についての農地法の特例（許可不要）
  ＜市民農園整備促進法11条２項、３項＞
- 開発行為等についての都市計画法の特例（市街化調整区域で許可可能）
  ＜市民農園整備促進法12条＞　等

3　市民農園開設申請書関係

i 市民農園開設認定申請書

市民農園開設認定申請書

令和 6 年 2 月 1 日

○○市町村長　殿

申請者

注1（氏名又は名称・代表者） ○○農業協同組合 代表理事組合長 協 同 活 用

（住所又は主たる事務所） ○○市○○町○○ 132番地4

（職業又は業務内容） 農業の経営指導、農産物の販売等

市民農園整備促進法（平成２年法律第44号）第７条第１項の規定に基づき、市民農園の開設について、下記の書面を添えて認定を申請します。

記

1　整備運営計画書
2　市民農園の位置を表示した地形図
3　市民農園の区域並びに市民農園施設の位置、形状及び種別を表示した平面図
4　市民農園施設（建築物）の概要を表示した平面図
5　土地の登記事項証明書（全部事項証明書に限る。）
6　土地の地番を表示する図面
7　（土地改良区の意見書）注2
8　（農園利用契約書の案）
9　（その他参考となる事項）

注1　法人の場合は、氏名欄にその名称及び代表者の氏名を、住所欄にその主たる事務所の所在地を、職業欄にその業務内容を記載します。

注2　（　）の書面を添付する場合に記載します。

ii 市民農園整備運営計画書

市民農園整備運営計画書

令和 6 年 2 月 1 日

申請者[注1] 氏名 ○○農業協同組合 代表理事組合長 協 同 活 用

住所 ○○市○○町○○ 132番地4

1　市民農園の用に供する土地

土地の所在	地番	地目		地積(㎡)	新たに権利を取得するもの			既に有している権利に基づくもの			土地の利用目的		注2 備考
		登記簿	現況		権利の種類	土地所有者		権利の種類	土地所有者		農地	市民農園施設	
						氏名	住所		氏名	住所	法第2条第2項第1号イ・ロの別	種別	
○○市○○町△△	345番	畑	畑	1,200	賃借権	花野咲夫	○○市○○町△△334番地				イ		
〃	346番	〃	〃	1,800	〃	〃	〃				〃		
	347番	〃	〃	100	〃	〃	〃					休息施設兼農機具収納施設	

2　市民農園施設の規模その他の市民農園施設の整備

整備計画	種　別	構　造	建築面積	所要面積	工事期間	備　考
建　物	休息施設兼農機具収納施設	木造平屋	㎡ 50	㎡ 100	令和6年2月15日～6年3月23日	
工作物						
計						

3　市民農園の開設の時期

令和 6 年 4 月 1 日

4　利用者の募集及び選考の方法

募集方法	市の広報、農協だよりによる公募
選考方法	抽　選

注1　申請者が法人である場合には、氏名欄にその名称及び代表者の氏名を、住所欄にその主たる事務所の所在地を、職業欄にその業務内容を記載します。

注2　法第2条第2項第1号イの用に供する農地について、特定農地貸付け又は特定都市農地貸付けの別を記載します。また、市民農園の用に供する土地に、高度化施設用地又は高度化施設用地とすることを予定している農地が含まれる場合は、その旨を記載します。

5　利用期間その他の条件

利用期間	利用料金	支払方法	区画		その他の条件
			区画数	1区画面積	
1年間	1区画年間 10,000円	農協口座振込	100	㎡ 20	

6　市民農園の適切な利用を確保するための方法

指導員設置

7　資金計画

①　収支計画

	項目	金額	備考
収入	利用料金 農協補助金	1,000 千円 500	
支出	賃貸料 水道光熱費 指導員手当	300 200 1,000	

②　調達方法

利用料金及び農協からの補助金

8　農地転用に関する事項

(1)　市民農園施設の敷地に供する転用に係る土地

土地の所在	地番	地目		面積	10a当り普通収穫高 注3	利用状況 注4	備考
		登記簿	現況				
○○市○○町△△	347	畑	畑	100㎡	馬鈴薯3,500 kg 大根 3,000	普通畑	

(2)　転用に伴い支払うべき給付の種類・内容及び相手方

相手方の氏名	相手方の経営面積（離作地を含む）			左のうち離作する面積			毛上補償		離作補償		代地補償		その他
	田	畑	採草放牧地	田	畑	採草放牧地	10a当り	総額	10a当り	総額	地目	面積	
	㎡	㎡	㎡	㎡	㎡	㎡	円	円	円	円		㎡	

注3　採草放牧地にあっては採草量又は家畜の頭数を記入します。

注4　畑にあっては普通畑、果樹園、桑園、茶園、牧草地その他の別、採草放牧地にあっては主な草名又は家畜の頭数を記入します。

⑶　転用の時期

認定日　　～　　令和 6 年 1 月

⑷　転用することにより生ずる付近の土地・作物・家畜等の被害の防除施設の概要

排水は汚水マスを設置し、土砂を沈殿した上で、公共下水道に排出し被害のないようにします。

⑸　転用するため、所有権又は使用及び収益を目的とする権利を取得する場合には、当該権利を取得しようとする契約の内容

権利の種類	権利の設定・移転の別	権利の設定・移転の時期	権利の存続期間	その他
賃借権	設定	令和6年2月10日	10年間	

⑹　その他参考となるべき事項

9　添付書類

①　市民農園の用に供する農地の現況図面（申請書に添付する6の図面と併用して差し支えない。）

②　市民農園の用に供する農地の計画図面（農振整備計画の地域区分及び都市計画の区域区分を表示すること。なお、申請書に添付の3の平面図と併用して差し支えない。）

③　市民農園の開設に関連する取水又は排水につき水利権者その他の関係権利者の同意を得ている場合には、その旨を証する書面

iii 市民農園開設認定書

○○第10号

申請者

（氏名又は名称・代表者）　○○農業協同組合　代表理事組合長　協 同 活 用

（住所又は主たる事務所）　○○市○○町○○ 132番地4

令和 6 年 2 月 1 日付けをもって市民農園整備促進法（平成2年法律第44号）第7条第1項の規定による認定申請のあった別記土地に係る市民農園の開設についてはこれを認定します。

令和 6 年 2 月 10 日

○○市長　町 村 長 市

別記（略）

iv 農園利用契約書例

（目的）

第１条　この契約書は、○○市（以下「甲」という。）が開設する市民農園において秋野　実（以下「乙」という。）が行う農作業の実施に関し必要な事項を定める。

（対象農地）

第２条　本契約の対象となる農地（以下「対象農地」という。）の位置及び面積は、別紙のとおりとする。

（農作業の実施等）

第３条　乙は、甲が対象農地において行う耕作の事業に必要な農作業を行うことができる。

２　乙は、農作業の実施に関し甲の指示があったときは、これに従わなくてはならない。

３　乙は、対象農地において農作物を収穫することができ、収穫物は乙に帰属する。

４　甲の責めに帰すべき事由により対象農地における収穫物が皆無であるか、または著しく少ない場合には、乙は甲に対し、その損失を補填すべきことを請求することができる。

（料金の支払）

第４条　乙は、料金10,000円を毎年　３　月 31 日までに、甲に支払わなければならない。

（契約期間）

第５条　本契約の期間は、１[注]年間とする。

注　5年以内とすることが望ましいです。

（契約の解除）

第６条　次の各号に該当するときは、甲は契約を解除することができる。

⑴　乙が契約の解除を申し出たとき

⑵　乙が契約に違反したとき

⑶　乙が３ヵ月にわたり農作業を行わないとき

（料金の不還付）

第７条　契約が解除されたときには、乙が既に納めた料金は還付しない。

　ただし、次の各号に該当するときは、甲はその全部又は一部を還付することができる。

(1) 乙の責めに帰すべきでない理由により農作業ができなくなったとき

(2) その他甲が相当な理由があると認めたとき

（その他）

第８条　本契約書に規定されていない事項については、甲及び乙が協議して定める。

令和 6 年 3 月 1 日

甲　住所○○市○○町×× 100番地

氏名○○市長　町 村 長 市

乙　住所○○市○○町△△ 200番地

氏名　　秋 野　　実

（本契約書は、二通作成し、それぞれ各一通を所持すること。）

別紙

農園利用の対象となる農地

1　位置

1	2	3	4	5	6	7	8	9	10
11	12	13	14	15	16	17	18	19	20

(注)　農園利用の対象となる農地の位置は、区画の番号を斜線で表示する。

2　区画番号 6 の面積　　20 ㎡

4　特定農地貸付法の仕組みと開設手続き

⑴　<地方公共団体・農業協同組合の場合>

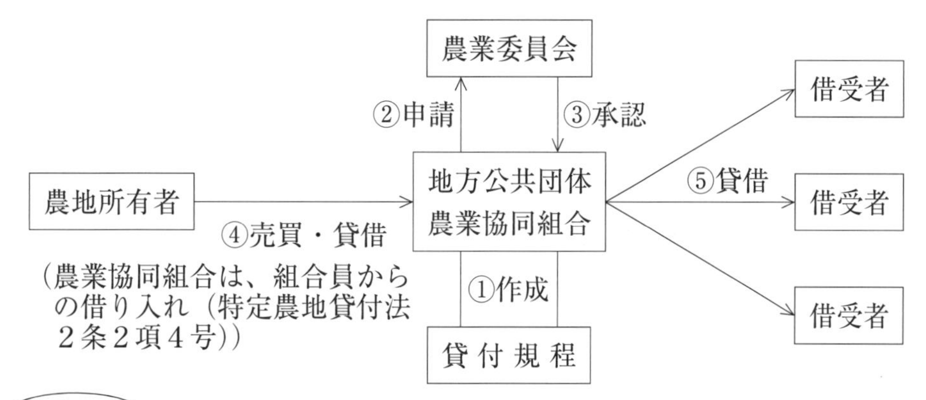

メリット
- 農地法の権利移動の許可等が不要
- 農業協同組合の事業能力の特例及び土地改良事業の参加資格の特例

⑵　<地方公共団体・農業協同組合以外の場合>

1)（農地所有者みずから開設（特定農地貸付法２条２項５号イ））

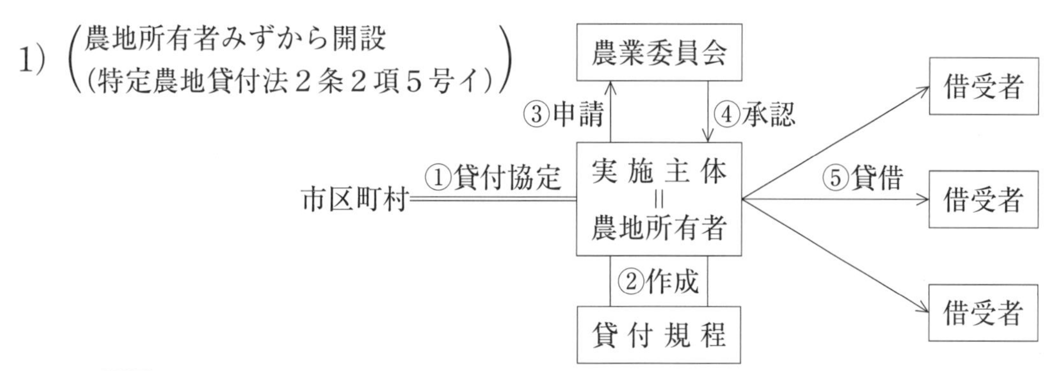

メリット
- 農地法の権利移動の許可等が不要
- 土地改良事業の参加資格の特例

2)（農地所有者でない者が農地の権利を取得して開設（特定農地貸付法２条２項５号ロ））

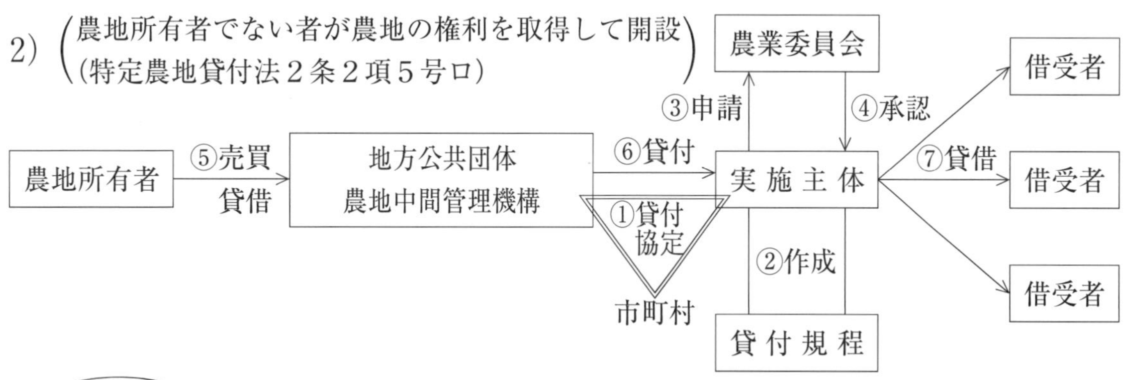

メリット
- 農地法の権利移動の許可等が不要
- 土地改良事業の参加資格の特例

貸付協定の締結
- 特定農地貸付け廃止後の適切な農地利用の確保のための措置
- 適正・円滑な特定農地貸付けの実施に必要な措置

i 特定農地貸付け承認申請書——農業協同組合の場合

特定農地貸付け承認申請書

令和　6　年　2　月22日

○○○農業委員会会長　殿

申請者
（主たる事務所）○○市○○町○○　132番地4
（名称、代表者の氏名）○○農業協同組合　代表理事組合長　協同活用

特定農地貸付けに関する農地法等の特例に関する法律第３条第１項~~（特定農地貸付けに関する農地法等の特例に関する法律施行令第４条第１項）~~の規定に基づき、特定農地貸付けについて、下記の書面を添えて承認を申請します。

記

1　貸付規程
2　特定農地貸付けの用に供する農地の位置及び附近の状況を表示する図面

＜変更の場合＞
表題の次に（変更）と記載し、本文における適用部分以外の部分は削除する。

＜貸付協定による場合＞
記に「３　貸付協定」を加え、貸付協定を添付する。

〔参考〕 特定農地貸付規程例

（目的）

第１ この規程は、農業者以外の者が野菜や花等を栽培して、自然にふれ合うとともに、農業に対する理解を深めること等を目的に○○農業協同組合が行う特定農地貸付け（以下「貸付け」という。）の実施・運営に関し必要な事項を定める。

（貸付主体）

第２ 本貸付けは、○○農業協同組合が実施するものとする。

（貸付対象農地）

第３ 貸付けに係る農地（以下「貸付農地」という。）の所在、地番、面積及び○○農業協同組合が貸付農地について有し、又は取得しようとする所有権又は使用及び収益を目的とする権利の種類（貸付農地について所有権又は使用及び収益を目的とする権利を取得する場合は、貸付農地の所有者の氏名又は名称及び住所を含む。）は、別表のとおりとする。

（貸付条件）

第４ 貸付条件は、次のとおりとする。

(1) 貸付期間は、○年間とする。

(2) 貸付けに係る賃料は、一区画当たり年間○○○○円とする。

（(注) 区画の面積によって賃料が異なる場合は、その旨記載する。）

(3) 貸付けを受ける者（以下「借受者」という。）は、賃料を毎年○月○日までに○○農業協同組合に支払うものとする。

２ 貸付農地において次に掲げる行為をしてはならないものとする。

(1) 建物及び工作物を設置すること。

(2) 営利を目的として作物を栽培すること。

(3) 貸付農地を転貸すること。

（募集の方法）

第５ 貸付けを受けようとする者の募集は、「○○広報」に掲載するほか、チラシ、掲示等による一般公募とする。

２ 募集期間は、当該募集に係る農地を貸し付けることとなる日の○○日前から○○日間とするものとする。

（申込みの方法）

第６ 貸付けを受けようとする者は、第５の２に規定する募集期間内に○○農業協同組合へ申込書を提出しなければならないものとする。

（２ 前項の申込をすることができる者は、○○市内に住所を有する者とする。）

（選考の方法）

第７ ○○農業協同組合は、第６の規定に基づき申込をした者の中から借受者を決定するものとする。

２ 申込をした者の数が募集した数を上回る場合は抽選により借受者を決定するものとする。

３ ○○農業協同組合は、１又は２により借受者を決定した場合はその旨を当該者に通知するものとする。

（貸付農地の管理・運営等）

第８ ○○農業協同組合は、貸付農地及び施設の適切な維持・管理及び運営を図るため管理人を設置する。

２ 管理人は、次の業務を行う。

(1) 貸付農地及び施設の見回り並びに借受者に対する必要な指示

(2) 貸付農地における作物の栽培等の指導

（貸付契約の解約等）

第９ 次の各号に該当するときは、貸付契約を解約することができる。

(1) 借受者が貸付契約の解約を申し出たとき

(2) 第４の２に掲げる行為をしたとき

(3) 貸付農地を正当な理由なく耕作しないとき

（貸付農地の返還）

第10 借受者は、第４の１の(1)の規定による貸付期間が終了したとき又は第９の規定による解約をしたときは、すみやかに貸付農地を原状に復し返還しなければならない。

（賃料の不還付）

第11 既に納めた賃料は、還付しない。ただし、次に掲げる事由に該当する場合は、その一部又は全部を還付することができる。

(1) 借受者の責任でない理由で貸付けができなくなった場合

(2) ○○農業協同組合が相当な理由があると認めたとき

附 則

この規程は「特定農地貸付けに関する農地法等の特例に関する法律」（平成元年法律第58号）第３条第３項の規定による農業委員会の承認のあった日から施行する。

別 表

<table>
<tr><th rowspan="3">番 号</th><th rowspan="3">所 在</th><th rowspan="3">地 番</th><th colspan="2">地 目</th><th rowspan="3">面 積
(㎡)</th><th rowspan="3">位 置</th><th colspan="3">貸付主体が新たに権利を取得するもの</th><th>貸付主体が既に有している権利に基づくもの</th></tr>
<tr><th rowspan="2">登記簿</th><th rowspan="2">現況</th><th rowspan="2">権利の種類</th><th colspan="2">所 有 者</th><th rowspan="2">権利の種類</th></tr>
<tr><th>住 所</th><th>氏 名</th></tr>
<tr><td>(例)
1～10
11～20
計</td><td>○○市字○○
○○市字○○</td><td>○○番
○○番</td><td>田
畑</td><td>畑
畑</td><td>各30
各30
600</td><td>別図のとおり</td><td>賃借権</td><td>○○市字○○
○番地</td><td>○○○○</td><td>賃借権</td></tr>
</table>

別図

1	2	3	4	5	6	7	8	9	10
11	12	13	14	15	16	17	18	19	20

N

ii 特定農地貸付け承認書

○○○指令第○○○号

申請者
（主たる事務所）○○市○○町○○ 132番地4
（名称・代表者氏名）○○農業協同組合 代表理事組合長 協 同 活 用

令和 6 年 2 月 22 日付けをもって特定農地貸付けに関する農地法等の特例に関する法律第３条第１項の規定による承認申請のあった別記土地に係る特定農地貸付けについては、これを行うことを承認します。

令和 6 年 3 月 23 日

○○○農業委員会会長　何　某

別記

所在	地番	地目		地積（㎡）	貸付主体が新たに権利を取得するもの			貸付主体が既に有している権利に基づくもの		
					権利の種類	権利取得の相手方		権利の種類	土地所有者	
		登記簿	現況			住　所	氏　名		住　所	氏　名
○○市○○町××	25番	畑	畑	3,000	賃借権	○○市○○町××20番地	春野耕作			

5　都市農地貸借円滑化法の仕組みと開設手順

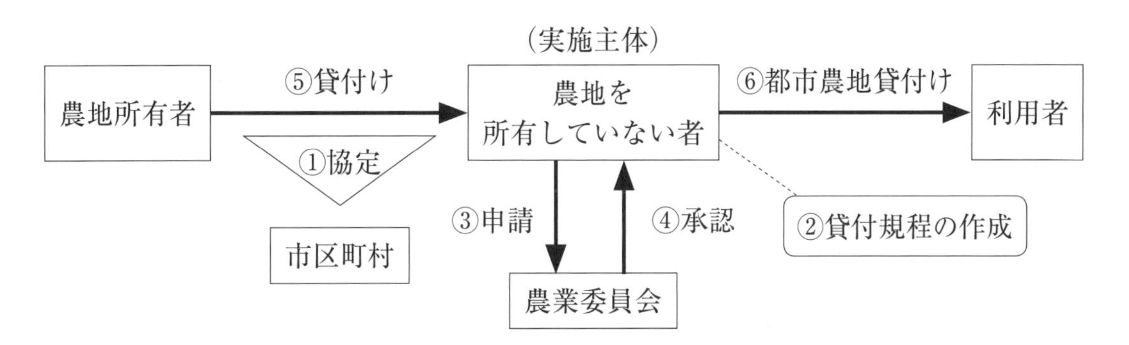

メリット

- 農地の貸し付けについて都市農地貸借円滑化法（準用特定農地貸付法）の承認の効果（農地法の許可）〈都市農地貸借円滑化法12条１項〉
- 地方公共団体・農地中間管理機構の介在が不要で、農地所有者から直接借りることができる
- 相続税納税猶予を受けている農地を貸しても猶予が継続する

特定農地貸付け及び都市農地貸付けの留意事項

特定農地貸付け及び都市農地貸付けの用に供されている農地の貸付けを受けている者は、農地法により耕作者の保護のための規定を適用することは適当でないので、同貸付けに係る農地の賃貸者については、同法17条の法定更新、同法18条の賃貸借の解約の制限等の適用を除外している。

i 特定都市農地貸付け承認申請書

特定都市農地貸付けの承認申請書

令和 6 年 2 月 10 日

○○○農業委員会会長　殿

注1
申請者氏名　○○市○○町○○ 200番地

注1
氏名<名称・代表者>　株式会社 都市農地アグリ　貸借 太郎

都市農地の貸借の円滑化に関する法律（平成30年法律第68号）第11条において準用する特定農地貸付けに関する農地法等の特例に関する法律（平成元年法律58号）第3条第1項（都市農地の貸借の円滑化に関する法律施行令（平成30年政令第234号）第2条において準用する特定農地貸付けに関する農地法等の特例に関する法律施行令（平成元年政令第58号）第4条第1項）の規定に基づき、特定都市農地貸付けについて、下記の書面を添えて承認を申請します。

記

1　貸付規程
2　特定都市農地貸付けの用に供する農地の位置及び附近の状況を表示する図面
3　協定

注）本申請に係る都市農地の所有者が当該都市農地に係る農林漁業の業務に従事する場合には、業務の従事の計画を記載した書面についても添付すること（別添例参照）

別添

都市農地所有者の農林漁業の業務への従事計画

特定都市農地貸付けの承認の申請に係る都市農地の所有者の農林漁業の業務への従事の計画は以下のとおりとする。

（年間の従事する業務及び日数等について記載）   （注2 上記のとおり相違ありません　　氏名　　　　　　　　　　）

注1　法人の場合は事務所の住所地、法人の名称及び代表者の氏名を記載します。

注2　所有者の農林漁業の業務への従事の計画を記載した賃貸借等の契約書その他の書類を添付します。

ii 特定都市農地貸付け承認書

○○○指令第 12 号

申請者

（主たる事務所）　○○市○○町○○ 200番地

（名称・代表者氏名）株式会社 都市農地アグリ　貸借 太郎

令和 6 年 2 月 10 日付けをもって都市農地の貸借の円滑化に関する法律第11条において準用する特定農地貸付けに関する農地法等の特例に関する法律第３条第１項の規定による承認申請のあった別記土地に係る特定都市農地貸付けについてこれを行うことを承認する。

令和 6 年 2 月 25 日

○○○農業委員会会長

別記（略）

〔参考〕　特定都市農地貸付規程例

（目的）

第１　この規程は、農業者以外の者が野菜や花等を栽培して、自然にふれ合うとともに、農業に対する理解を深めること等を目的に○○○〔貸付主体の名称〕が行う特定都市農地貸付け（以下「貸付け」という。）の実施・運営に関し必要な事項を定める。

（貸付主体）

第２　本貸付けは、○○○が実施するものとする。

（貸付対象農地）

第３　貸付けに係る農地（以下「貸付農地」という。）の所在、地番、面積、○○○が貸付農地について使用及び収益を目的とする権利の種類、貸付農地の所有者の氏名並びに住所は、別表のとおりとする。

（貸付条件）

第４　貸付条件は、次のとおりとする。

⑴　貸付期間は、○年間とする。

⑵　貸付けに係る賃料は、１区画当たり年間○○○○円とする。

（(注)　区画の面積によって賃料が異なる場合は、その旨記載する。）

⑶　貸付けを受ける者（以下「借受者」という。）は、賃料を毎年○月○日までに○○○に支払うものとする。

２　貸付農地において次に掲げる行為をしてはならないものとする。

⑴　建物及び工作物を設置すること

⑵　営利を目的として作物を栽培すること

⑶　貸付農地を転貸すること。

（募集の方法）

第５　貸付けを受けようとする者の募集は、「○○広報」に掲載するほか、チラシ、掲示等による一般公募とする。

２　募集期間は、当該募集に係る農地を貸し付けることとなる日の○○日前から○○日間とするものとする。

（申込みの方法）

第６　貸付けを受けようとする者は、第５の２に規定する募集期間内に○○○へ申込書を提出しなければならないものとする。
2　前項の申込みをすることができる者は、○○市内に住所を有する者とする。
（選考の方法）
第7　○○○は、第6の規定に基づき申込をした者の中から借受者を決定するものとする。
2　申込みをした者の数が募集した数を上回る場合は抽選により借受者を決定するものとする。
3　○○○は、1又は2により借受者を決定した場合はその旨を当該者に通知するものとする。
（貸付農地の管理・運営等）
第8　○○○は、貸付農地及び施設の適切な維持・管理及び運営を図るため管理人を設置する。
2　管理人は、次の業務を行う。
(1)　貸付農地及び施設の見回り並びに借受者に対する必要な指示
(2)　貸付農地における作物の栽培等の指導
（貸付契約の解約等）
第9　次の各号に該当するときは、貸付契約を解約することができる。
(1)　借受者が貸付契約の解約を申し出たとき
(2)　第4の2に掲げる行為をしたとき
(3)　貸付農地を正当な理由なく耕作しないとき
（貸付農地の返還）
第10　借受者は第4の1の(1)の規定により貸付期間が終了したとき又は第9の規定による解約をしたときは、すみやかに貸付農地を原状に復し返還しなければならない。
（賃料の不還付）
第11　既に納めた賃料は、還付しない。ただし、次に掲げる事由に該当する場合は、その一部又は全部を還付することができる。
(1)　借受者の責任でない理由で貸付けができなくなった場合
(2)　○○○が相当な理由があると認めるとき

※　作成に当たっての留意事項
本特定都市農地貸付規程例は、必要最小限のものを記載したものであり、各地域の実情に応じ必要な事項を補充の上作成されたい。

別表

番号	所在	地番	地目		面積（㎡）	位置	権利の種類	所有者	
			登記簿	現況				住所	氏名
（例） 1～10 11～20 計	○市字○○ ○市字○○	○○番 ○○番	田 畑	畑 畑	各30 各30 600	別図のとおり	賃借権 賃借権	○市○番 ○市○番	○○ ○○

別図

1	2	3	4	5	6	7	8	9	10
11	12	13	14	15	16	17	18	19	20

参　考

農地法関係判例（要旨）

（旧自作農創設特別措置法（「自創法」と略称）
及び旧農地調整法を含む）

凡　例

〈記載例〉

（最高三小	昭55・1・22	52(オ)773	判時956-39）
↓	↓	↓	↓
裁判所	判決年月日	事件番号	登載資料

〈裁判所の略称〉

最高大………最高裁判所大法廷

最高一小……最高裁判所第一小法廷

最高二小……最高裁判所第二小法廷

最高三小……最高裁判所第三小法廷

高裁…………高等裁判所

地裁…………地方裁判所

〈登載資料の略称〉

民集………最高裁判所民事判例集

刑集………最高裁判所刑事判例集

集民………最高裁判所裁判集民事

高民集……高等裁判所民事判例集

高刑集……高等裁判所刑事判例集

下民集……下級裁判所民事判例集

行裁集……行政事件裁判例集

訟務………訟務月報

判時………判例時報

判タ………判例タイムス

I　農地法等で用いられる言葉（農地法２条（定義））

1　農　地

(1)　作　目

永年性植物　・農地とは「耕作の目的に供される土地」であり、耕作とは土地に労資を加え、肥培管理を行なって作物を栽培することをいい、その作物は穀類、蔬菜類にとどまらず、花卉、桑、茶、たばこ、梨、桃、りんご等の植物を広く含み、それが林業の対象となるようなものでないかぎり、永年性の植物でも妨げない（最高二小、昭40・8・2、38(オ)1065、民集19-6-1337)。

桐　樹　・肥培管理を施し桐樹を栽培している土地は耕作の目的に供されている農地である（新潟地裁、昭23・9・21、23(行)８、行政裁判月報12-10)。

牧草畑　・土地に種をまき、これを栽培管理している牧草畑は農地である（札幌地裁、昭39・6・22、34(行)６、行裁集15-6-952)。

竹・筍　・竹を植栽し、毎年竹又は筍を採取している土地は農地である（福井地裁、昭23・8・31、22(ワ)105、行政裁判月報5-24)。

花　木　・庭園等に使用する各種花木を幼木から栽培している土地が農地法２条１項にいう農地に当たらないとはいえない（最高二小、昭56・9・18、56(オ)1069、判時1018-79)。

栗　樹　・通常の田畑以外のものについては、肥培管理を施しているか否かを標準として農地か否かを決めるのが妥当である。この標準に従えば、桑畑、果樹園、苗木を作る苗ほ等は当然農地に該当する。然れば本件植栽栗畑はいかんというに、既に相当の労力を加えて自然林を起し、これに他の果樹園態に栗苗を植栽し、……肥料を施し、且つ消毒等の管理を行っている事実に鑑みるときは、これを他の果樹園や桑畑と同様、農地とみるのが相当である（山形地裁、昭23・7・23、22(ワ)72、行政裁判月報4-44)。

(2)　耕作の目的に供される土地

休閑地・不耕作地　・もと農地として耕作されていた土地を他の用途に利用すべく、２年間休閑地または不耕作地として放置し、その間一時（２ヶ月間）材木置場として使用されたとしても、耕作しようとすればいつでも耕作しうる状態である土地について、非農地となったものとすることはできない（大阪高裁、昭35・8・1、32(ネ)817・1120、下民集11-8-1626)。

学校農園と一体　・小学校の学校農園として肥培管理してきた農地に付随して教室、農園管理者の宿舎、農具倉庫や空地がある場合、右建物や空地がその使用目的及び客観的使用状況において学校農園として不可分の一体を形成しているときは、右土地は全体として農地である（最高一小、昭35・3・17、34(オ)42、民集14-3-461)。

災　害　・河川の氾濫による被災農地でも、その程度が耕土上５センチメートルぐらいの土砂の堆積にすぎず、さして困難もなく復元して耕作できる場合は、耕作者において該土地に対する復旧工事に従事せず長期にわたりこれを放置しているような事情のないかぎり土砂による被害は単に一時的閑耕状態を作り出したにすぎず、かかる場合はそのままの状態でも農地である（岡山地裁、昭35・6・29、29(行)18、訟務6-9-1791)。

災害
・河川のはんらんにより土砂等が流入して、耕地として利用することが不可能となったのは、一時的なものであって、耕地としての性質を失ったものとは認められない（前橋地裁、昭48・1・18、46(ワ)333・334、訟務19-7-58)。

土地区画整理地区内
・農地とは、耕作の目的に供される土地をいい、その土地が現に耕作の目的に供されている以上、都市計画法12条1項（旧法）による土地区画整理施行地区内にあるからといって、また仮換地の指定処分があったからといって、そのことからただちに当該農地が農地法所定の農地たるの性質を失うものではない（最高二小、昭38・12・27、36(あ)939、刑集17-12-2595)。

換地処分後
・自創法3条による買収の対象とされる農地に該当するかどうかは、土地の現況、耕作の有無及び態様、周囲の状況からみた土地の社会的に相当な利用目的その他、諸般の事情を総合的に勘案して決定すべきであり、単に土地区画整理区域に編入されたこと、その工事が完了したこと、又は換地処分が行われたことのみをもって、直ちに当該土地が農地の性質を失い、宅地化したものと解することはできない（最高三小、昭50・3・18、48(行ツ)40、訟務21-6-1292)。

(3) 農地か否かの判断

客観的状態で判断
・一定の土地につき労費を加え肥培管理を行って作物を栽培する事実が存在する場合には、その土地は耕作の目的に供される土地であって、農地調整法〈現行では農地法〉にいわゆる「農地」と称するのを相当とする。したがって農地であるか否かは客観的状態に従って判断されるべく、土地所有者の主観的使用目的に関係なく、土地台帳等に記載されている地目いかんによっても左右されない（福岡高裁、昭27・10・2、27(う)117、高刑集5-11-1876)。

〃
・農地かどうか判定するには、当該土地の客観的事実状態のほか、その所有者の主観的意図をも無視することはできないが、この意図は近い将来において実現されることが客観的に明白なものでなければならない（神戸地裁、昭29・6・23、27(行)8、行裁集5-6-1289)。

返還特約付
・宅地として他に分譲するときはいつでも返還するという特約付きで耕作を許した土地も、現に耕作されて農地となっている限り、自創法の適用を受ける農地である（東京高裁、昭23・6・30、23(ネ)58、行政裁判月報4-34)。

(4) 農地に該当しない

家庭菜園
・家庭菜園にすぎず農地調整法の農地に該当しないものと判断したものである（最高二小、昭24・5・21、24(オ)17、民集3-6-209)。

森林状態
・かつて桐樹栽培のため肥培管理がされたとしても、肥培管理を廃してすでに相当期間を経過し、現況が森林状態を呈している土地は、たとえ豊沃で、桐樹伐採後ただちに農耕の用に供することができる場合であっても、農地ではない（東京高裁、昭25・6・29、23(ネ)421、行裁集1-7-1041)。

空地利用
・所有者が建物敷地にするため水田を埋め立てた土地について、隣家の小料理および鍛冶業を生業とする者が空地利用として自家用野菜を栽培している場合は、農地調整法２条にいう農地に当たらない（最高二小、昭33・10・24、30(オ)778、民集12-14-3213)。

一部休閑地　・現にマオラン麻の栽培がなされている土地であっても、その土地が埋立て工事によって工場敷地に造成し、周囲に塀をめぐらしてその中に工場を建設して工場経営をしている土地の一部休閑地であって、客観的に工場用地としての要件を具備し、本来工場経営のために使用する目的が明らかな土地である場合には、農地調整法にいう農地に該当しない（最高一小、昭32・6・13、29(オ)585、民集11-6-1046)。

不法開墾　・権原なくして開墾した土地が農地法２条の農地に該当しない旨の原審の判断は、農地法の精神に照らし、正当である（最高三小、昭40・10・19、38(オ)311、民集19-7-1827)。

（原判決要旨）農地法２条にいわゆる「耕作の目的に供される土地」とは、その現況が耕作の目的に供されているだけでは足りず、所有者の意思に反して不法に開墾された土地のごときは含まないものと解することが相当である（仙台高裁、昭37・12・17、33(ネ)512・528、訟務9-5-598)。

不法潰廃　・不法な潰廃によって宅地となった農地であっても、社会通念上原状復旧が著しく困難と認められるに至った場合には、買収当時の現況によることなく不法な行為以前（買収計画確定当時）の状態を基礎としてこれを買収することは許されない（徳島地裁、昭31・2・15、25(行)36、行裁集7-2-228)。

無断菜園　・宅地予定地が建物を建築するまで一時の間、しかも所有者に無断で菜園にされていた場合には、一時耕作の目的に供されたからといってその土地が農地であるとはいえない（奈良地裁、昭23・5・4、22(ワ)63、行政裁判月報9-7)。

水害で荒地化　・買収計画樹立当時は、現況農地であったものが、その後水害のため荒地と化し、まったく農地としての形態を失うに至った場合には、もはやこれを農地として買収することは許されない（盛岡地裁、昭29・11・9、24(行)73、行裁集5-11-2462)。

2　耕作の事業

（(注)　自創法２条に「耕作の業務を営む」というも、農地法２条「耕作の事業を行う」というも大差ないものと解される。）

兼業　・自創法２条２項にいう「耕作の業務を営む者」とは、耕作者と地主との間において、耕作経営の主体が耕作者の側にある場合を指すものであって、その耕作の規模が零細であることまたは農業以外に兼業することを妨げない（最高二小、昭32・11・1、30(オ)419、民集11-12-1870)。

3　世帯単位

同一世帯間の賃貸借　・農地法２条４、５項は、直接には我国の農村の実際ではその経営の大部分が世帯単位で家族労働によって行われていて世帯単位で適用するを相当とする法規が多いために設けられた技術的な規定にすぎないこと明らかで、更に進んで同一世帯間賃貸借を禁ずるという法意まで含まれているものとは到底解し難い（鳥取地裁、昭37・12・14、35(行)２、行裁集13-12-2161)。

Ⅱ　農地を耕作するための売買・貸借（農地法3条（農地又は採草放牧地の権利移動の制限））

(1)　許可を要しない場合

売買の解除　・債務不履行により農地の売買契約を解除する場合、その取消の場合と同様に、初めから売買のなかった状態に戻すだけのことであって、新たに所有権を取得せしめるわけのものではないから、農地法3条の関するところではないというべきである（最高二小、昭38・9・20、38(オ)40、民集17-8-1006）。

詐害行為による取消　・農地所有権移転行為に対する知事の許可のあった後でも、右移転行為が詐害行為にあたることを理由として取り消すことを妨げない（最高三小、昭35・2・9、32(オ)758、民集14-1-96）。

共有持分の放棄　・共有者の一部の者の持分放棄により他の共有者にその持分が移転する場合には、農地法3条所定の県知事の許可は要しないと解すべきである（青森地裁、昭37・6・18、33(ワ)234、下民集13-6-1215）。

時効取得

（所有権）　・農地法3条による都道府県知事等の許可の対象となるのは、農地等につき新たに所有権を移転し、又は使用収益を目的とする権利を設定若しくは移転する行為にかぎられ、時効による所有権の取得はいわゆる原始取得であって、新たに所有権を移転する行為ではないから、右許可を受けなければならない行為にあたらないものと解するべきである（最高一小、昭50・9・25、49(オ)398、判時794-66）。

（賃借権）　・農地について賃借権の時効取得は認められる（高松高裁、昭52・5・16、51(ネ)147、判時866-144）。

登記名義の回復　・農地調整法4条は、所有権移転登記が虚偽の意思表示に基づくものであることを理由として、その登記名義回復のための所有権移転登記手続をする場合には、適用がない（最高三小、昭24・4・26、23(オ)128、民集3-5-153）。

買主たる地位の譲渡　・農地の売買契約上の買主の権利を譲り受けた者が、当初の売主から直接買い受けたとして許可申請をし、これに対して知事の許可があれば、右の者に所有権が移転する（最高三小、昭38・9・3、民集17-8-885）。

相続人に対する特定遺贈　・「特定の遺産を特定の相続人に遺贈する旨の遺言による権利移転の場合も、特定の遺産を特定の相続人に相続させる旨の遺言による権利移転の場合も、当該遺産が、被相続人の遺言に従って、相続開始後直ちに当該相続人に承継されることになる点では共通しているにもかかわらず」を原判決に加える（大阪高裁、平24・10・26、平24(行コ)102）。

原判決

相続人である原告に対する特定遺贈であり、その生じる結果をみると、実質的に遺産分割による権利移動と異ならない――。農地法による規制にかからしめることは相当でない（京都地裁、平24・5・30、平23(行ウ)32）。

(2)　許可を要する場合

買戻権の行使　・買戻権の行使による農地の所有権移転が効力を生じるには知事の許可を要

し、許可がない限り相手方は農地を買戻権者に引き渡す義務はない（最高一小、昭42・1・20、41(オ)859、判時476-31、判タ204-111)。

競売（公売も同様）
・農地法3条の規定は、競売による所有権移転の場合にも適用がある（長野地裁、昭36・2・28、34(行)13、行裁集12-2-250)。

家事調停
・家事調停による農地の所有権移転については、知事の許可を要する（最高三小、昭37・5・29、33(オ)967、民集16-5-1204)。

相続放棄者に対する贈与
・遺産分割の家事調停において相続人から利害関係人たる相続放棄者に対して農地を贈与する旨の調停条項が成立したとしても、右条項による権利移転は、農地法3条1項ただし書7号所定の遺産分割による場合に当らない（最高三小、昭37・5・29、33(オ)967、民集16-5-1204)。

(3) 許可の判断

自由裁量でない
・農地法3条2項に列挙した事項がある場合には、知事の許可処分は無効と解しなければならない（宇都宮地裁、昭30・6・30、29(行)6、行裁集6-10-2211)。

審査の範囲
・農地法3条または5条にもとづく許可は、農地法の立法目的に照らして、当該農地の所有権移転等につき、その権利の取得者が農地法上の適格性を有するか否かのみを判断して決定すべきであり、それ以上に、その所有権の移転等の私法上の効力やそれによる犯罪の成否等の点についてまで判断してなすべきでない（最高二小、昭42・11・10、42(オ)495、判時507-27)。

〃
・農地政策上の見地から、農地の所有権を取得する者の資格を審査し、その結果農地の所有権を失う者における事業をも配慮の上、当該農地所有権の移動を承認するのが適当か否かを都道府県知事として判断させ……（東京高裁、昭42・11・29、41(ツ)25、判時505-37)。

許可は法定必要条件
・農地所有権の移転に必要な知事の許可は、当事者の意思により附加せられたいわば任意的な条件ではなく、法定の必要条件である（大阪高裁、昭40・12・21、40(ネ)850、下民集16-12-1787)。

〃
・知事の許可を得ることを条件として農地の売買契約をしたとしても、いわゆる停止条件を付したものということはできず、農地の売主が故意に知事の許可を得ることを妨げたとしても、民法130条の適用はない（最高二小、昭36・5・26、32(オ)923、民集15-5-1404)。

二重譲渡の許可
・農地について、知事の許可を得てAからBに譲渡された場合においても、所有権移転登記を経ていない以上、A・C間の右農地の譲渡につき許可の申請がなされた場合には、知事は、農地法の規定に違反しないかぎり、有効にこれを許可することができる（広島地裁、昭31・11・13、31(行)2、行裁集7-11-2541)。

所有制限該当地の譲渡
・農地法に定める所有制限に触れる農地で、まだ買収手続に着手されていないものについても、その所有者は、本条または5条の規定に従いその所有権を譲渡することができる（福岡地裁、昭35・4・14、33(行)22、行裁集11-4-828)。

許可後の贈与の取消
・農地の所有権の移転につき、農地法3条の知事の許可があった後でも、右移転行為が詐害行為にあたることを理由として取り消すことをも妨げない（最高三小、昭35・2・9、32(オ)758、民集14-1-96)。

(4) 許可申請

一方申請に対する許可処分は当然無効

・農地の所有権移転につき当事者の一方のみによってなされた許可処分は、当然無効である（静岡地裁、昭32・9・6、30(行)10、行裁集8-9-1546)。

買戻権の行使は双方申請

・買戻権又は再売買予約完結権の行使による農地所有権の移転につき県知事の許可を求めるには売主買主の連名による申請を必要とする（山口地裁、昭37・3・20、35(レ)16、下民集13-3-504)。

自署を欠いても無効とはいえない

・農地法３条の許可申請書につき農地法施行規則２条２項に定める申請者の自署を欠いても、その瑕疵は右許可申請およびこれに基づく県知事の許可を無効とする程重大かつ明白なものと解することはできない（水戸地裁、昭51・1・20、48(レ)３、判時820-103)。

確定判決で申請可

・農地法施行規則２条による当事者連名の許可申請は、当事者のいずれかがそれを履行しないときは、許可申請を命ずる確定判決をもって申請の意思表示に代えることができる（高松高裁、昭28・5・12、28(ネ)41、行裁集4-5-1061)。

(5) 許可申請の取下げ

申請の取下げ一方で可

・農地法３条１項および同法施行規則２条２項本文の規定により当事者が連名でした許可申請であっても、一方の当事者が単独でその申請を取下げることができる（山形地裁、昭34・10・5、33(行)７、行裁集10-10-1877)。

(6) 許可申請の協力義務

許可手続が義務

・農地の売主は、特段の事情のないかぎり、買主のため知事に対し所定の許可申請手続をなすべき義務を負担し、その許可があった場合は所有権移転登記手続に協力する義務がある（最高一小、昭43・4・4、42(オ)30、判時521-47)。

〃

・農地の賃貸人は、別段の事情がないかぎり、その賃貸借契約上当然に相手方のため、賃借権設定許可申請に協力する義務があるといわなければならない（最高三小、昭35・10・11、33(オ)836、民集14-12-2465)。

許可申請しないときは売買契約解除可

・畑を宅地に転用するための農地の売買契約がなされた場合において、売主が知事に対する許可申請に必要な書類を買主に交付したのに、買主が特段の事情もなく右許可申請手続をしないときには、売主は、これを理由に売買契約を解除することができる（最高一小、昭42・4・6、39(オ)1051、民集21-3-533)。

許可申請協力請求権の消滅時効

・農地賃貸借契約に確定期限が付されている場合において申請許可手続きがとられないまま期限が到来したときは、その後に該契約につき許可があっても賃貸借関係が生ずるわけではないから、許可申請の目的を失い、賃貸人の右協力義務は消滅するものと解するのが相当である（最高二小、昭50・1・31、48(オ)1078、判時774-54)。

〃

・農地売買契約に基づく所有権移転許可申請協力請求権は、売買契約に基づく債権的請求権であり、民法167条１項の債権に当たると解すべきであって、右請求権は売買契約成立の日から、10年の経過により時効によって消滅する

（最高二小、昭50・4・11、49(オ)1164、判時778-961)。

第三者の援用
・条件付所有権移転仮登記のされた不動産の第三取得者は、農地法３条の許可申請協力請求権の消滅時効を援用することができる（東京高裁、平４・９・30、平４(ネ)1292、判時1436-32)。

商事時効の適用あり
・農地法による許可申請協力請求権についても商事時効の適用があると解する（東京地裁、平５・12・３、平３(ワ)2510＝15095、同４(ワ)16712、判時1507-144)。

消滅時効・援用を権利濫用とした事案
・家督相続をした長男が家庭裁判所における調停により、母に対しその老後の生活保障と妹らの扶養および婚姻費用等に充てる目的で農地を贈与して引渡し終り、母が20数年間にわたり、これを耕作し妹らの扶養及び婚姻等の諸費用を負担したなどの事実関係の下において、母から農地法３条の許可申請に協力を求められた右長男が、その許可申請協力請求権につき消滅時効を援用することは、信義則に反し権利の濫用として許されない（最高三小、昭51・5・25、50(オ)1051、民集30-4-554)。

(7) 許可の基準

３条２項５号（下限面積）

重大明白な瑕疵に限り無効
・農地法３条２項５号に違反する県知事の許可も一般行政処分の瑕疵と同様、その瑕疵が重大かつ明白なときに限り無効とし、瑕疵がその程度に達しないときは取消事由となるにしても当然無効にならないものと解するのが至当である（名古屋高裁、昭43・2・8、43(ツ)１、判時514-57)。

(8) 許可の効力

死亡した贈与者に対する許可
・農地の贈与についての知事の許可は、贈与の有効要件であって成立要件ではないのみならず、贈与の成立前になされることを要せず、許可のあったときから右贈与は効力を生ずるものであり、許可当時贈与者がすでに死亡していても、その効力の発生を妨げない（最高二小、昭30・9・9、27(オ)653、民集9-10-1228)。

許可後の契約解除
・知事の許可は、当該農地について私法上の行為の取消し又は解除によって、その効力を失うものではない（最高二小、昭40・4・16、39(行ツ)36、民集19-3-667)。

許可のない権利移動は無効
・農地の売買は、公益上の必要にもとづいて、知事の許可を必要とせられているのであって、現実に知事の許可がない以上、農地所有権移転の効力は生じないものであることは農地法３条の規定するところにより、明らかであり……（最高二小、昭36・5・26、32(オ)923、民集15-5-1404)。

私法上の法律行為の不成立と許可の効力
・農地法３条に基づく知事の許可は、許可申請当事者の予定した私法上の所有権移転の行為が不成立もしくは無効であるとしても、そのことのために瑕疵を生ずることはない（青森地裁、昭33・5・29、31(行)９、行裁集9-5-907)。

後の許可は当然無効でない
・農地法３条及び５条の定める許可は、当事者の法律行為が国家の同意を得なければ有効に成立することを得ない場合に、これに同意を与えてその効力を完成せしめる行為であって、私法上の権利関係の優劣は、許可の先後によって決定せられるものではなく、私法の一般原則によって決定せられるべきものというべきであるから、同一目的物について複数の許可がなされても後の許可をもって当然無効と解することはできないとする原判決の判断は、当裁判所も正当としてこれを是認することができる（最高二小、昭39・7・3、39(オ)87、判タ166-110）。

許可書1人に不交付でも確知したとき処分成立

・農地所有権移転の許可書2通が、共同申請人の1人に交付され、他の1人に交付されていなくとも、後者が前者に交付されたことを確知したときは、後者に対しても当該許可処分がすでに成立しているとみるべきで、後者の右処分取消訴訟を、目的を欠く不適法なものとみなすことはできない（静岡地裁、昭32・9・6、30(行)10、行裁集8-9-1546）。

〃

・農地法3条の許可の共同申請人中、許可指令書の交付を受けていない者が許可処分のなされた事実を知り、農林大臣に訴願を提起し、その棄却裁決を受けた後においては、許可指令書が交付されていない瑕疵は取消原因とはならない（最高二小、昭37・3・23、36(オ)966、訟務8-5-877）。

申請書に不実記載があった場合

・農地法3条による農地所有権移転の許可申請書において当事者の一方が相手方の名義部分を偽造している場合について、行政庁が許可処分をするに際し簡単な調査をすればその旨が容易に判明しうべきにかかわらず、調査義務をつくさず、右申請書を真正なものと誤認してなした許可処分を無効とした事例（千葉地裁、昭36・5・29、35(行)9、行裁集12-5-955）。

申請書の偽造に基づく処分

・行政処分の瑕疵が明白である場合とは、処分要件の存否に関する当該行政庁の判断の誤りがその調査の疎漏に基づく場合をも含むものとして、農地の所有権移転許可申請書が当事者の一方の偽造にかかる場合にこれを看過してした許可処分が無効とされた事例（大分地裁、昭36・12・15、34(行)1、行裁集12-12-2364）。

(9) 売買契約と許可の関係

売主と転買人との許可申請

・知事の許可を条件とする農地の売買契約において、これを転売したときには売主は直接転買人のために右許可申請手続きをする旨の合意をしても、右合意はその効力を生じない（最高三小、昭38・11・12、36(オ)775、民集17-11-1545）。

契約上の権利譲渡に係る申請

・農地の売買契約上の買主の権利を譲受けた者が、当初の売主から直接買受けたとして許可申請をし、これに対して知事の許可があれば、右の者に所有権が移転する（最高三小、昭38・9・3、37(オ)291、民集17-8-885）。

(10) その他

書面贈与は許可前でも取消できない

・書面による農地の贈与は、これに対する農地法3条による許可がある前でも、これを取消すことができない（甲府地裁、昭30・1・24、28(行)14、行裁集6-1-51）。

登記請求

・農地の買主は、その必要があるかぎり、売主に対し知事の許可を条件として農地所有権移転登記手続請求をすることができる（最高三小、昭39・9・8、38(オ)1272、民集18-7-1406）。

許可を得ていない耕作者の原告適格

・農地につき賃借権等の設定を受け現に当該農地を耕作している者であっても、右権利の設定について農業委員会の許可を受けていない以上、当該農地の所有権移転につき知事が第三者に与えた許可処分の無効確認を求める原告適格を有しないといわなければならない（最高二小、昭41・12・23、40(行ツ)17、訟務13-2-202)。

許可後の仮登記

・農地につき農地法第3条の許可があったときは所有権が移転する旨の停止条件付売買を登記原因とする所有権移転の仮登記を申請することができる（所有権移転が農地法所定の許可すなわち法定条件にかかわっているが、法定条件についても民法第129条の類推適用があるものと解される。）（昭37・1・6民事甲第3289号民事局長回答）。

〃

・農地法3条所定の許可を欠くが、約10年間平穏、公然に農地を耕作してきた場合には、所有者が右許可がないことを理由として、その返還を求めることは信義誠実の原則に反し、権利の濫用として許されない（福岡高裁、昭48・1・30、44(ネ)294、判時716-50)。

競買適格証明書交付申請却下は行政処分か

・農地の競買適格証明書交付申請に対する知事の却下は、行政訴訟の対象となる行政処分に当たる（福岡高裁、昭38・10・16、36(ネ)164、行裁集14-10-1705)。

Ⅲ　農地を転用する、又は転用するための売買・貸借（農地法４条（農地の転用制限）、５条（農地又は採草放牧地の転用のための権利移動の制限））

(1)　転用制限の範囲

適用範囲

・農地法４条は、農地について所有権その他の権原を有すると否とにかかわらず、一般に農地を転用しようとする者に適用がある（最高二小、昭39・8・31、38(あ)2046、刑集18-7-457）。

所有者は第三者の受けた許可の取消を求められない

・農地法４条の許可は、単に農地の転用禁止を解除する行政処分にすぎないものであって、許可を受けた者に対して私法上の権利を取得させるものではないから、農地の所有権は第三者が受けた同条の許可処分の取消しを求める利益を有しない（広島地裁、昭42・6・14、41(行ウ)23、訟務13-8-957）。

(2)　許可の申請手続

買主の地位の譲受け

・農地法５条の許可を条件として行われた農地の売買の買主の地位を譲り受けた者が、売主に対して直接許可申請手続の請求と所有権移転登記の登記手続請求とをすることができるとされた事例（最高二小、昭46・6・11、46(オ)213、判時639-75）。

許可申請書の提出と履行の着手

・農地法５条の知事の許可を要する農地の売買契約で、解約手附が授受された場合において、売主および買主が連署のうえ同条による許可申請を知事あてに提出したときは、特約その他特別の事情のないかぎり、売主および買主は、民法557条１項にいういわゆる契約の履行に着手したものと解するのが相当である（最高二小、昭43・6・21、42(オ)1415、民集22-6-1311）。

農地の転買人

・農地の転買人は当初の売主に対して知事の許可申請手続を請求することができない（最高三小、昭46・4・6、45(オ)1201、判時630-60）。

(3)　許可の適否

追認許可

・農地がすでに事実上転用されている場合の当該農地に対する転用の許可処分は、違法状態を将来に向って消滅させ農地以外の用途に使用する自由を得させるものであり、不能の処分ではない（最高一小、昭34・1・8、33(オ)406、訟務5-2-257）。

二重譲渡

・農地法５条の知事の許可に際しては、農地が二重譲渡されるかどうかというような一般私法による解決に委ねられている事柄は、判断すべきものではなく、二重譲渡に対する許可は違法ではない（大阪地裁、昭33・4・28、32(行)54、行裁集9-4-582）。

農振農用地区域内

・農業振興地域の整備に関する法律の目的並びに同法による農用地利用計画の策定につき慎重なる手続きが要求されていること等に照らすと、農用地利用計画が策定されている以上、農用地区域にある農地については、右計画が変更され、その土地が農用地区域から除外されない限り、右計画によって定められた用途以外の用途に供することを目的とした農地法上の転用許可は一切なし得ないものと解するのが相当である（佐賀地裁、昭52・3・25、50(行ウ）3、訟務23-4-727)。

(4) 隣接地の関係

付近の被害防除措置

・農地転用許可に当たっては、転用することによる付近の土地、作物、家畜等の被害に対する防除措置を検討考慮のうえ、許可の適否を決すべきである（名古屋地裁、昭42・10・7、41(行ウ)14、行裁集18-10-1290)。

隣接地の承諾

・農地法5条の許可を法定条件とする農地の売買契約がなされた場合において、右許可の判断資料とするため、農業委員会が隣接農地所有者の承諾書の添付を求めたとしても、売主買主間において特段の約束がされないかぎり、売主が隣接農地所有者の承諾取付義務を負うものではない（最高三小、昭49・12・17、48(オ)651、判時762-32)。

転用後の影響は取消を求める利益を有せず

・農地法5条の許可による転用許可後の農地上に特定の建物が築造されることにより、隣接畑地の日照、通風等が阻害されて収穫が激減し、その農地としての効用が失われるおそれがあるというのであって、それは許可自体によって直接もたらされる法律上の効果ではなく、建物が築造されることによる事実上の影響にすぎず、隣接農地の所有者は取消を求める法律上の利益を有せず、原告適格を欠く（最高三小、昭58・9・6、57(行ツ)83、判時1094-21)。

(5) 許可の条件

条件付与は行政庁の裁量

・農地の転用許可について条件をつけるかどうか、また、いかなる条件をつけるかは、行政庁の裁量に属するから、それが著しく不当で公正を欠くとか、不正不当な動機に基づくものでないかぎり、転用許可に条件を付さなかったからといって違法となるものではない（福岡高裁、昭33・2・13、32(ネ)725、行裁集9-2-131)。

(6) 無断転用

3条の許可必要

・売買契約当時農地であった土地の買受人が、買い受け後間もなく第三者をして農地法4条の許可を受けずに右土地を宅地化させても、それにより、右土地についての所有権移転につき同法3条の許可が不要となるものではない（最高二小、昭51・8・30、49(オ)669、集民118-343)。

前者が後者の転用結果を援用できない

・農地につき、所有権移転の仮登記を経た第一買受人が農地法所定の許可を履践しないで宅地化に着手し未完成のまま放置している間に、第二買受人が所定の手続きを経由し適法に宅地造成した場合に、第一買受人は右造成工事の結果を援用して第一の売買契約の効力が生じたものとすることはできないとされた事例（東京高裁、昭52・3・31、50(ネ)1083、判タ355-281)。

現況が宅地になった場合許可なく有効

・農地の売買契約締結後に、右土地の現況が宅地となった場合には、特段の事情のないかぎり、右売買契約は知事の許可なしに効力を生ずる（最高三小、昭48・12・11、48(オ)725、集民114-667)。

買主が宅地化許可なしに有効

・農地を目的とする売買契約締結後に買主が右農地を宅地化した場合であっても、知事の許可なしに売買契約の効力が生じるとされた事例（最高一小、昭52・2・17、48(オ)899、民集31-1-29、判時847-46)。

後者が有効に宅地にしたときは前者の契約は効力を生ずる

・農地についてその宅地化を目的とする売買契約が二重に締結され、各買主が条件付所有権移転の仮登記を経由し、その間右農地が市街化区域に属することとなった場合において、第二の買主が農地法所定の手続を了してその売買契約の効力を発生させたうえ、農地を宅地としたときは、特段の事情のないかぎり、売主と第一の買主間の売買契約は完全にその効力を生じ、第一の買主は第二の買主に対し仮登記に基づく登記の承諾を求めることができる（最高一小、昭58・9・7、52(オ)732、判時911-110)。

非農地化しても5条適用あり

・非農地化した土地について、なお農地法5条の適用がないとはいえないとされた事例（水戸地裁、昭49・11・26、48(レ)27、判時775-161)。

(7) その他

地目変更登記と農地転用許可

・土地の地目変更の登記申請書に農地法4条1項による知事の許可を証する書面を添付しない違法があっても、登記官吏においては右申請を受理して土地の地目変更の登記をしたときは、右登記は、右の違法により当然に無効となるものではない（最高一小、昭37・9・13、35(オ)1365、民集16-9-1918)。

契約の取消と許可の効力

・農地法5条の規定に基づく許可は、当該農地についての私法上の行為の取消しまたは解除によって、その効力を失うものではない（最高二小、昭40・4・16、39(行ツ)36、民集19-3-667)。

契約履行の着手

・農地法5条の知事の許可を要する農地の売買契約で、解約手附が授受された場合において、売主および買主が連署のうえ同条による許可申請書を知事あてに提出したときは、特約その他特別の事情のないかぎり、売主および買主は、民法557条1項にいう「契約ノ履行ニ着手」したものである（最高二小、昭43・6・21、42(オ)1415、民集22-6-1311)。

罰　則

・農地法92条が同法5条1項本文違反を処罰するのは、同条項所定の権利の設定移転のためになされる法律行為を対象とするものであって、その効力が生ずるか否かはこれを問わない（最高二小、昭38・12・27、36(あ)939、刑集17-12-2595)。

〃

・農地法92条の違反者には、売主のみならず買主をも含む（最高二小、昭38・12・27、36(あ)939、刑集17-12-2595)。

Ⅳ　農地等の賃貸借の解約等

1　農地法19条（現17条・農地又は採草放牧地の賃貸借の更新）

法定更新後は期間の定めのない賃貸借

・農地の賃貸借が農地法19条により更新されたときは、以後期間の定めのない賃貸借として存続する（最高二小、昭35・7・8、32(オ)791、民集14-9-1731)。

短期賃貸借と抵当権

・民法395条により抵当権者に対抗しうる農地の短期賃借人は、競売開始後においては農地法19条による法定更新をもって抵当権者に対抗できない（最高一小、昭44・12・18、44(オ)893、判時583-52)。

2　農地法20条（現18条・農地又は採草放牧地の賃貸借の解約等の制限）

(1)　許可の性格

20条の合憲性

・農地法20条は、公共の福祉に適合する合理的な制限と認むべきであり、憲法29条、14条の趣旨に違背するものとはいえない（最高大、昭35・2・10、31(オ)326、民集14-2-137)。

合意解約

・農地法20条1項の「合意による解約」とは、その効果が将来に向って発生するか遡及的に発生するかを問わず、賃貸借関係者双方の合意に基づいて賃貸借関係の解消が行われた場合をさすものであって、その効果が将来に向ってのみ発生するか、遡及的に発生するかを問わない（最高三小、昭41・2・22、39(行ツ)49、訟務12-6-891)。

(2)　許可手続

許可通知の相手方

・農地賃貸人の解約許可申請に対する知事の許可の通知は、申請人に対してのみすれば足り、賃借人に対してする必要はない（大津地裁、昭33・11・25、31(行)5、行裁集9-11-2297)。

許可指令書の理由の要否

・農地の賃貸借解約の許可指令書においては、その許可が農地法20条2項各号のいずれかに該当するかを明示することを要しない（徳島地裁、昭35・6・8、33(行)1、行裁集11-6-1675)。

(3)　許可の要否

永小作権

・19条、20条が永小作権に適用又は準用されるべきものと解し難い（最高二小、昭34・12・18、32(オ)1125、民集13-13-1647)。

使用貸借

・農地の使用貸借契約の解除については、農地法20条等の知事の許可を要しない（大阪高裁、昭39・1・20、35(ネ)629・682、行裁集15-1-1)。

訴による解除

・農地の賃貸借を訴で解除する場合においても、都道府県知事の許可を受けないかぎり、効力を生じない（最高三小、昭41・7・26、40(オ)1482、判時459-50)。

(4) 許可の基準

20条2項は許可の要件

・農地法20条２項の各号所定の事由は、都道府県知事が同条による許可を与えることについての要件であって、農地の賃貸借の解約権の発生ないし行使の実態的要件をなすものとして定められたものでない（最高二小、昭48・5・25、47(オ)1028、民集27-5-667）。

信義違反に当たらない

・無断転貸は、その事情いかんを問わず常に当然に、農地調整法９条１項に言ういわゆる信義に反した行為に当たるとは限らない（最高一小、昭27・11・6、26(オ)551、行裁集3-11-2142）。

小作料の滞納（宥恕すべき事情あり）

・農地の賃貸人が、ひたすら農地取り上げの機会をうかがい、再度にわたる小作料の提供をゆえなく拒絶し、たとえ、賃借人が小作料を提供しても、農地の返還を求められるのみで、その受領を期待することができない場合には、小作料の滞納につき宥恕すべき事情があったものである（仙台地裁、昭29・3・10、27(行)17、行裁集5-3-458）。

自作相当の判断

・20条２項３号の賃借人の生計は、もっぱら農業経営の合理化という経済、農業政策的見地から客観的に判断されるべきであり、社会政策的見地から、すなわち賃貸人の生計との比較相対的な見地から判断されるべきものではないと解すべきである（山形地裁、昭30・3・23、29(行)９、行裁集6-3-540）。

賃貸人の自作相当の当否

・農地調整法９条１項にいう「賃貸人ノ自作ヲ相当トスル事由」とは、賃貸人において生活上その他の事情により、相当高度に自作を必要とする事由をいい、単に賃貸人が自作することにより、その生活がより向上されるというにすぎない事情はこれにあたらない（福島地裁、昭26・4・6、25(行)41、行裁集2-4-682）。

自作相当

・賃借人らが本件許可処分により本件農地の耕作権を失うとしても、生計が格別悪化するとは認め難く、永久耕作権を約されていた事実も認められない……。一方賃貸人は……むしろ既に保有している農地と合わせ効率的に利用を図ることが可能とみることができ、また長年返還を求めてきた経緯から熱意のほどが看取される……。そして、経営規模の拡大による農地の効率的利用による生産性の向上が緊要な農業政策の課題となっている現状を踏まえると、本件農地は、賃貸人に自作させるのが妥当と言うべきである（仙台高裁、平５・3・19、平２(行コ)７〈平６・3・11上告棄却〉、判時1490-74）。

その他正当な事由

・農地法20条２項４号〈現18条２項５号〉は、農業生産力の増進という公的利益のほかに、賃貸人および賃借人の生活の維持という私的利益をも比較考慮して農地賃貸借の解約等を許可すべきかどうかを決定せしめる趣旨の規定と解せられる（山形地裁、昭30・3・23、29(行)９、行裁集6-3-540）。

(5) 許可処分の適否

当事者でない者への処分

・農地賃貸借解約についての知事の許可が賃貸借の当事者でない者の申請に基づいてなされた場合は、該許可処分は違法である（新潟地裁、昭23・12・9、23(行)39、行政裁判月報12-59）。

知事への許可を求める訴えはできない

・県知事を被告として農地賃貸借解約の許可を求める訴えは、許されない（仙台地裁、昭29・3・2、27(行)８、行裁集5-3-435）。

宅地を農地と誤認
・宅地を農地として誤認された賃貸借解約申入不許可処分は、当然に無効ではなく、取消しうべき違法を有するにすぎないとされた事例（甲府地裁、昭34・7・2、31(行)1、行裁集10-7-1241）。

賃貸借と民法395条但書
・抵当権者に対抗し得ない農地賃貸借について民法395条但書を準用してかかる賃貸借の解除を請求することができるものと解するのが相当であるとした事例（最高三小、昭63・2・16、61(オ)857、判時1270-84）。

(6) 都道府県農業会議の意見等と許可処分

会長のみの意見
・農業会議の意見の答申が、決定の議決方法によらず、会長のみの意見によってなされたとしても、そのために知事の許可処分を違法とするものではない（大津地裁、昭33・11・25、31(行)5、行裁集9-11-2297）。

農業委員会の意見書の瑕疵
・農地法20条の許可に当たっては、知事は農業委員会の意見書に拘束されるものでないから、たとえ右意見書の成立に瑕疵があったとしても、その瑕疵は、許可処分を違法とするものではない（高松地裁、昭39・10・13、37(行)5、行裁集15-10-1900）。

(7) 小作料関係

宅地並課税と小作料
・固定資産税等の税額が、当該農地を他に賃貸した結果得られる収益である小作料の額を超過することがあるとしても、そのことが直ちに当該農地の所有者の権利を侵害する不合理なものであるということはできない（最高三小、昭55・1・22、52(オ)773、判時956-39）。
・小作地に対するいわゆる宅地並課税がされたことによって固定資産税及び都市計画税の額が増加したことを理由として、小作料の増額を請求することはできない（最高大、平13・3・28、平8(オ)232）。

公租公課の上昇と小作料
・農地法は、同法の適用を受ける小作料については耕作者の地位ないし経営の安定に適うものであることを要し、小作料の額は主として又は専ら当該農地の通常の収益を基準として定められるべきであるとしているものと解され、単に当該農地に対する課税と小作料との間に逆ざや現象があるというだけで直ちにこれを解消するだけの小作料の増額請求を許容することは認めていないものと解するのが相当である（東京高裁、昭60・5・30、60(ネ)428、判時1155-261）。

参考　改正前農地法80条（農地法等の一部を改正する法律（平成21年法律第57号）附則８条・売払）

買収農地売払の趣旨	・私有財産の収用が正当な補償のもとに行なわれた場合において、その後に至り収用目的が消滅したとしても、法律上当然に、これを被収用者に返還しなければならないものではないが、被収用者にこれを回復する権利を補償する措置をとることは立法政策上当を得たものというべく、農地法80条の買収農地売払制度も右の趣旨で設けられたものである（最高大、昭46・1・20、42(行ツ)52、民集25-1-1)。
認定の性質	・農地法80条に基づく農林大臣の認定は、同条の定める要件を充足する事実が生じたときはかならず行なうべく覊束された内部的な行為にとどまるのであるから、これを独立の行政処分とみる余地はない（最高大、昭46・1・20、42(行ツ)52、民集25-1-1)。
売払の性質	・農地法80条による買収農地の旧所有者に対する売払いは、すでに当該土地につき自作農の創設等の用に供するという公共目的が消滅しているわけであるから、一般国有財産の払下げと同様、私法上の行為というべきである（最高大、昭46・1・20、42(行ツ)52、民集25-1-1)。
72条による買戻地の売払の相手方	・自創法80条により買収され、売渡しの後、ふたたび72条により買収された土地を売り払う場合には、かならずしも買収前の所有者に売り払わなければならないものではない（青森地裁、昭37・10・19、35(行)４、行裁集13-10-1687)。
旧地主への売払対価と憲法	・国有農地等の売払いに関する特別措置法２条、同法附則３項、同法施行令１条は、憲法29条、14条に違反しない（最高大、昭53・7・12、48(行ツ)24、判時895-29)。
国有農地等の売払いに関する特別措置法等と憲法	・国有農地等の売払いに関する特別措置法２条および同法附則２項ないし４項は、憲法29条に違反しない（東京地裁、昭47・9・11、46(ワ)3454、訟務19-7-49)。

＜5訂＞よくわかる農地の法律手続き―関係判例付―

2004年11月　初版
2005年10月　改訂版
2007年10月　3訂版
2010年1月　4訂版　（新・よくわかる農地の法律手続き）
2013年1月　4訂改訂版　（新・よくわかる農地の法律手続き　改訂版）
2014年6月　4訂改訂第2版（新・よくわかる農地の法律手続き　改訂第2版）
2016年11月　4訂改訂第3版（新・よくわかる農地の法律手続き　改訂第3版）
2020年12月　4訂改訂第4版（新・よくわかる農地の法律手続き　改訂第4版）
2024年3月　5訂

定価 2,200円（本体 2,000円＋税）
送料別

発 行　全国農業委員会ネットワーク機構
一般社団法人　全国農業会議所

〒102-0084　東京都千代田区二番町9－8
中央労働基準協会ビル2階

電 話 03（6910）1131　FAX 03（3261）5134

全国農業図書コード　R05-43